高校土木工程专业卓越工程师教育培养计划系列教材

建筑工程绿色施工实践

苗冬梅　张婷婷　主　编
陈兴华　张明媛　副主编

中国建筑工业出版社

图书在版编目（CIP）数据

建筑工程绿色施工实践/苗冬梅等主编. —北京：中国建筑工业出版社，2016.11
高校土木工程专业卓越工程师教育培养计划系列教材
ISBN 978-7-112-20118-1

Ⅰ.①建…　Ⅱ.①苗…　Ⅲ.①生态建筑-工程施工-高等学校-教材　Ⅳ.①TU74

中国版本图书馆 CIP 数据核字（2016）第 285371 号

本书是高校土木工程专业卓越工程师教育培养计划系列教材之一，书中系统介绍了建筑工程绿色施工实践及管理相关内容，全书共 5 章，主要内容包括：建筑工程绿色施工实践的发展、绿色施工管理、绿色施工技术、绿色建筑以及绿色施工案例等内容。

本书可作为土木工程专业（含建筑工程、桥梁工程、地下工程、道路与铁道工程四个方向）卓越工程师教育培养计划相关院校本科生教材，以及土木工程专业本科生、研究生参考教材；亦可供城市地下空间工程、矿井建设工程、交通工程、水利工程等有关专业的师生、设计与施工技术人员和感兴趣的读者学习、参考。

责任编辑：李天虹
责任校对：李欣慰　李美娜

高校土木工程专业卓越工程师教育培养计划系列教材
建筑工程绿色施工实践
苗冬梅　张婷婷　主　编
陈兴华　张明媛　副主编

*

中国建筑工业出版社出版、发行（北京海淀三里河路 9 号）
各地新华书店、建筑书店经销
霸州市顺浩图文科技发展有限公司制版
北京圣夫亚美印刷有限公司印刷

*

开本：787×1092 毫米　1/16　印张：9¾　字数：237 千字
2016 年 11 月第一版　2016 年 11 月第一次印刷
定价：**35.00** 元
ISBN 978-7-112-20118-1
（29601）

高校土木工程专业卓越工程师教育培养计划系列教材
编写委员会

主任委员：

陈廷国　大连理工大学

马荣全　中国建筑第八工程局工程研究院

副主任委员：

王宝民　大连理工大学

苗冬梅　中国建筑第八工程局工程研究院

年廷凯　大连理工大学

孙学锋　中国建筑第八工程局工程研究院

委员（按姓氏笔画排序）：

于洪伟　中国建筑第八工程局工程研究院

王子寒　河北工业大学

王吉忠　大连理工大学

方兴杰　中国建筑第八工程局工程研究院

孔　琳　中国建筑第八工程局工程研究院

牛　辉　中国建筑第八工程局工程研究院

白　羽　中国建筑第八工程局工程研究院

艾红梅　大连理工大学

石运东　天津大学

冉岸绿　中国建筑第八工程局工程研究院

孙　旻　中国建筑第八工程局工程研究院

刘　莎　大连理工大学

邱文亮　大连理工大学

李玉歧　上海大学

3

陈兴华　中国建筑第八工程局工程研究院

肖成志　河北工业大学

何建军　中国建筑第八工程局工程研究院

张建涛　大连理工大学

张明媛　大连理工大学

何　政　大连理工大学

李宪国　中国建筑第八工程局工程研究院

吴智敏　大连理工大学

张婷婷　大连理工大学

罗云标　天津大学

武亚军　上海大学

周光毅　中国建筑第八工程局工程研究院

范新海　中国建筑第八工程局工程研究院

郑德凤　辽宁师范大学

武震林　大连理工大学

姚守俨　中国建筑第八工程局工程研究院

姜韶华　大连理工大学

赵　璐　大连理工大学

徐云峰　中国建筑第八工程局工程研究院

郭志鑫　中国建筑第八工程局工程研究院

徐博瀚　大连理工大学

殷福新　大连理工大学

崔　瑶　大连理工大学

韩玉辉　中国建筑第八工程局工程研究院

葛　杰　中国建筑第八工程局工程研究院

前　　言

近年来，我国建筑规模迅速扩大，但与此相对应的是，建筑耗能问题也日益突出。目前，在我国每年的新建房屋中，约80％以上为高耗能建筑；在既有房屋中，约95％以上为高耗能建筑，我国单位建筑面积的能耗是发达国家的2～3倍以上。无论从整个国际经济气候还是中国宏观经济大势来看，中国资源能源问题已经日趋严峻，节约能耗势在必行，因此我国在面临巨大的资源约束瓶颈和环境恶化压力下，走可持续发展道路，发展节能建筑刻不容缓。

绿色施工是将可持续发展思想应用于建设工程施工领域，即具有可持续发展思想的施工方法或技术。它是随着可持续发展和环境保护的要求而产生的，并将整体预防的环境战略持续应用到建筑产品的制造过程。在做到质量优良、安全保障、施工文明等目标的同时，尽可能减少对环境的破坏及危害，以期达到降耗、增效和环保效果的最大化。

本书作为高等学校土木工程专业卓越工程师教育培养计划系列教材之一，编写时汲取了国内外有关建筑工程绿色施工实践的最新进展，坚持内容体系的科学性、系统性和先进性。该系列教材旨在满足土木工程专业的特色培养，以土木工程专业工程师培养为重点，以土木工程执业的基本资质为导向，借鉴国外优秀工程师培养的先进经验，探索并形成具有"工文交融"特色的卓越工程师培养模式。以"工程教育"为重点，建立"工程"与"管理"、"工程"与"技术"相融通的课程体系，树立"现代工程师"的人才培养观念。通过专业知识的学习，学生们应基础扎实、视野开阔、发展潜力大、创新意识强、工程素养突出、综合素质优秀，掌握土木工程的专门知识和关键技术。

本教材是以国内外绿色施工发展为背景，以国内现有规范为原则，以当今国内建筑工程的绿色施工技术为基础所编写的一本相对完整的图书。本教材借鉴了国内外大量的研究成果和施工技术，是将理论教学内容与实际工程相结合，以理论为指导，以实践为目的，努力使学生将理论知识转化为施工技术，达到学有所用的目的。同时，本教材作为国内少数介绍"建筑工程绿色施工实践"的图书之一，对各建筑单位的施工技术也具有指导和借鉴的意义，也将有力推动我国"建筑工程绿色施工实践"的研究与发展，从而减少现场施工对场地等条件的要求，提高建筑功能和结构性能，促进我国绿色建筑行业的整体发展。

教材编写组主要成员是以大连理工大学建设工程学部与中建八局工程研究院专家为主，兼顾国内工科院校从事建筑工程绿色施工设计与研究的优秀青年教师为核心组成的，所有成员长期工作在教学科研或工程实践第一线，主讲土木工程类专业的基础课程，教学经验丰富，深受学生的喜爱。教材编写前积累了多年的教学与实践经验，编写组成员对本教材的编写做了大量的前期工作，收集、研读了国内外相关的教材与文献，力图取其长，用其精。

该教材根据"建筑工程绿色施工实践"的教学大纲编写而成，内容涵盖了建筑工程绿色施工实践的发展、概述、绿色施工管理、绿色施工技术、绿色建筑以及绿色施工案例等内容。本教材配备了思考题，题型丰富，题量适度，也可供自学者和其他科技工作者阅读。除此之外，本书还具备以下特点：

1. 内容全面，编排合理。本教材从最简单的绿色施工的概念出发，涵盖了必要的基础知识。注重理论基础和实例分析，重点突出，结构严谨。具有系统性、一致性和可扩展性。国内尚无合适的教材，本教材适应了部分本科生课程的实践化趋势。

2. 结构合理，循序渐进。本教材作为应届本科生走向建筑岗位的首要选择，内容由浅入深，详略得当，可为初学者打下良好基础，为进一步研究绿色施工技术提供理论依据。每章节后配置相应思考题，使学生学有所思，学有所想，避免传统式教育的灌入式教学。

3. 适应国情，通俗易懂。近十年来，绿色施工在我国得到了长足的发展，研究更加深入，但另一方面人们意识到绿色施工的潜力还有待进一步发掘，本书的出版能进一步推动绿色施工在我国的研究与发展，使该项技术得到进一步提升，逐步实现建筑行业的绿色施工标准。在重要概念的引入时，尽可能做到简明扼要、自然浅显。

4. 主编教师团队从事建筑设计与施工多年，在高校任职，有踏实的理论基础与现场实践能力，还有丰富的教学经验。主编教师队伍及团队成员工作认真负责、教学态度严肃端正，具有良好的职业道德和师德风范，能很好地胜任本教材的编写与教学工作。

5. 本教材将绿色施工概念、管理与案例有机结合，有助于学生更好地理解绿色施工概念，加深学生对绿色施工理论知识的认识，反映相关学科发展趋势和经济社会发展的需要。

本书由苗冬梅、张婷婷主编，陈兴华、张明媛副主编，王宝民、武震林参加编写。全书由张婷婷统稿，研究生何子明和赵秀秀同学参与部分文字校对工作，在此对所有在本书编写过程中付出心血的各位老师和同学表示诚挚的感谢。对于本书的顺利出版，还要感谢大连理工大学教育教学改革基金（MS201543）和教材出版基金（JC2016018），住建部土建类高等教育教学改革项目土木工程专业卓越计划专项（2013036）的资助，特别感谢中国建筑工业出版社的领导和责任编辑的大力支持。对于书中所引用文献的众多作者（列出的和未列出的）表示诚挚的谢意！

由于编者水平所限，加之编写时间仓促，书中难免有不当之处，敬请读者批评指正。

编　者

2016 年 11 月

目　　录

第1章 绿色施工概述

本章学习要点：

掌握绿色施工的概念；了解我国及国外的绿色施工发展现状。

1.1 绿色施工的概念

"绿色施工"已经成为时下建筑行业的热词。"绿色"一词强调的是对原生态的保护，其根本是为了实现对人类生存环境的有效保护和促进经济社会的可持续发展，绿色施工，要求在施工过程中要注重保护生态环境，关注节约与资源充分利用，全面贯彻以人为本的理念，实现建筑行业的可持续发展。住建部颁发的《绿色施工导则》（建质〔2007〕223号）对绿色施工概念最权威的界定是工程建设中，在保证质量、安全等基本要求的前提下，通过科学管理和技术进步，最大限度地节约资源与减少对环境负面影响的施工活动，实现"四节一环保"，即：节能、节地、节水、节材和环境保护。其具体含义包括以下五个方面内容：

1. 绿色施工以可持续发展为指导思想，是在人类日益重视可持续发展的基础上提出的，无论节约资源还是保护环境都是以实现可持续发展为根本目的。因此，绿色施工的根本指导思想是可持续发展。

2. 绿色施工是追求尽可能减少资源消耗和环境保护的工程建设生产活动，这是绿色施工区别于传统施工的根本特征，绿色施工倡导施工活动以节约资源和保护环境为前提，要求施工活动有利于经济社会的可持续发展，体现绿色施工的本质特征和核心内容。

3. 绿色施工的实现途径是绿色施工技术的应用和绿色施工管理的升华，绿色施工必须依托相应的技术和组织管理手段来实现，与传统施工技术相比较绿色施工技术有利于节约资源和保护环境，是实现绿色施工的技术保障。

4. 绿色施工强调的重点是使施工作业对现场周边环境的负面影响最小，污染物和废弃物排放最小，对有限资源的保护和利用最有效，是实现工程行业升级和更新换代的更优方法和模式。

5. 通过切实有效的管理制度和工作制度，最大限度地减少施工活动对环境的不利影响，减少资源和能源的消耗，是实现可持续发展的先进、实用的施工技术。

基于可持续发展理念，绿色施工必须奉行以人为本、环保优先、资源高效利用、精细施工等原则，在绿色施工策划、采购、实施和评价等过程中均遵循相关理念和原则，研发和采用绿色施工技术，才能使整个施工过程实现绿色。

1.2 我国绿色施工的现状与展望

我国对绿色施工的关注源于对绿色建筑的探索与推广。

2001 年，建设部编制了《绿色生态住宅小区建设要点与技术导则》，提出以科技为先导，推进住宅生态环境建设及提高住宅产业化水平；以住宅小区为载体，全面提高住宅小区节能、节水、节地水平，控制总体治污，带动绿色产业发展，实现社会、经济、环境效益统一。

2003 年中国申报奥运成功时提出"绿色奥运、科技奥运、人文奥运"的理念后，建筑领域的绿色概念开始逐渐形成。2003 年奥组委环境活动部负责起草了《奥运工程绿色施工指南》。在 2003～2008 年北京奥运会的筹办和举办过程中，我国在城市建设、施工管理、运行等各个环节都践行了绿色奥运理念，大力推行了建筑节能、环境与生态保护、资源可持续利用等。奥运后，我国及时总结了奥运绿色建筑管理和技术经验，并已积累、开发和研究了相关管理和技术成果。

2004 年，开始实施"绿色建筑关键技术研究"，重点研究了我国的绿色建筑评价标准和技术导则；开发了符合绿色建筑标准要求的具有自主知识产权的关键技术和成套设备；通过系统的技术集成和工程示范，形成我国绿色建筑核心技术的研究开发基地和自主创新体系。同年下半年，建设部正式设立了"全国绿色建筑创新奖"，我国开始进入绿色建筑推广阶段。

2005 年建设部出台了《绿色建筑技术导则》，从绿色建筑应遵循的原则、绿色建筑指标体系、绿色建筑规划设计技术要点、绿色建筑施工技术要点、绿色建筑的智能技术要点、绿色建筑运营管理技术要点、推进绿色建筑技术产业化等多个方面阐述了绿色建筑的技术规范和要求。

2006 年发布《绿色建筑评价标准》GB/T 50378—2006，将绿色建筑的评价指标细化，使得绿色建筑的评价有了可供操作的标准，建立了适合我国地域与国情的绿色建筑评价体系。

2007 年发布《绿色建筑评价技术细则（试行）》和《绿色建筑评价标识管理办法》，并在全国组织建设了一批建筑节能示范工程、康居工程、健康住宅等。同年发布了《绿色施工导则》，明确了绿色施工的原则，阐述了绿色施工的主要内容，制定了绿色施工总体框架、绿色施工的要点，提出了发展绿色施工的新技术、新设备、新材料、新工艺和开展绿色施工应用示范工程等。同年还发布《建筑节能工程质量验收规范》，明确规定了保障建筑节能的施工质量标准。

2010 年住建部发布国家标准《建筑工程绿色施工评价标准》GB/T 50640—2010，为绿色施工评价提供了依据。

自 2010 年起，中国建筑业协会组织开展了绿色施工示范工程活动，住建部科技司组织中国土木学会咨询工作委员会、中国城市科学研究会绿色建筑与节能委员会、绿色建筑研究中心共同开展住建部绿色施工示范工程的工作。这些示范工程的开展，对绿色施工技术的创新与推广起到推波助澜的作用。

近两年来，立足于施工行业的绿色施工推进，所做的主要工作如下：

1. 绿色施工的基本理念已在行业内得到了广泛接受，施工过程中关注"四节一环保"。一批有实力和超前意识的建筑企业在工程项目中重视绿色施工策划与推进，研究开发绿色施工新技术，进一步积累了绿色施工的有关经验。绿色施工的实践体现了五个方面的转变：第一是从粗放管理向精细化管理转变，全生命周期、循环利用、清洁施工、5S

管理、精益施工、区域化、规模化、量化管理等理念不断转化为多种形式的探索与实践活动，"双优化"（设计优化、施工方案优化）、集中采购、科技创效、施工标准化、过程精品、动态监控、持续改进等精细化管理活动如火如荼；第二是从外延式发展向内涵式发展转变，技术创新在绿色施工中发挥重要的支撑作用，出现系列环保技术措施，数字化施工、建筑工业化施工得到高度重视，并取得较快发展；第三是施工现场作业条件得到一定程度的改善，施工人员素质不断提高，职业形象较大幅度提升；第四是绿色施工的范围进一步延伸，并向施工技术的各个领域渗透。在具体的绿色施工开展过程中，强调施工质量和安全管理，进一步重视人力资源的节约、保护和施工机械设备的绿色化，部分施工企业拓展深化设计业务，开展绿色建造、绿色试运营等研究，出现绿色施工常态化的局面和趋势。第五是建筑工业化发展迅猛，主要表现为标准化设计、工厂化生产、装配化施工、可视化安装、信息化管理。

2. 绿色施工标准规范体系建立并逐步完善。有关研究将绿色施工标准规范体系划分为绿色施工相关导则与政策、绿色施工标准、基础性管理标准、支撑性标准和相关标准。近年来绿色施工标准取得长足进展，2010 年，我国颁布了《建筑工程绿色施工评价标准》GB/T 50640—2010，为绿色施工的策划、管理与控制提供了依据。2014 年，发布了《建筑工程绿色施工规范》GB/T 50905—2014，是我国第一部指导建筑工程绿色施工的国家规范。同年发布的新版《绿色建筑评价标准》GB/T 50378—2014，针对实现绿色建筑所涉及的绿色施工的主要内容，增加单列绿色施工管理一章，为促使业主、设计、质检监理等绿色施工相关方关注绿色施工发挥重要作用。

3. 绿色施工各类示范工程和绿色施工及节能减排达标竞赛活动广泛开展。由住建部建筑节能与科技司组织中国土木工程学会咨询工作委员会、中国城市科学研究会绿色建筑与节能委员会及绿色建筑研究中心具体实施的《绿色施工科技示范工程》也在全国绿色施工推进中发挥了重要作用。2010 年开始，开展了首批绿色施工示范工程。目前，已进行了四批全国建筑业绿色施工示范工程。2013 年 289 个工程项目立项，2014 年 606 个工程项目立项，截至 2015 年 11 月已经验收的绿色施工示范工程达 987 个。

4. 绿色施工技术创新稳步推进，企业绿色施工创新研究平台发挥重要的作用。近年来国内绿色施工示范工程及推行绿色施工的先进企业，绿色施工技术成果大量涌现，形成符合绿色施工评价指标要求的系列绿色施工技术，并在工程实践中产生良好经济、社会效果。近年来企业创新平台进一步壮大，绿色施工成为重要的研究方向。在住房和城乡建设部组织下，由中国建筑股份有限公司牵头，联合国内著名的产学研单位承担建筑工程绿色建造关键技术研究与示范研究项目，这是国内首个涉及绿色施工的最大的研究项目，国家拨资金近 5000 万元。目前该项目的七个课题已通过验收，产生了一系列研究成果，其中传统施工技术绿色化改造与现场减排技术研究与示范课题，通过引进、消化、总结与自主研发形成 200 多项绿色施工集成技术。

5. 全社会绿色施工生产体系和生产要素市场不断完善。近年来，绿色施工的开展，施工企业成为市场的主体。伴随绿色施工规模的扩大，为绿色施工提供专业化产品和服务的材料、设备、检测、劳务分包企业逐步得到强化，一些再生材料加工企业、预拌砂浆生产企业、建筑工业化配套加工企业等绿色施工相关产业逐步形成市场规模，为施工企业推行绿色施工提供了生产要素市场和条件。上海龙华航空服务港项目，通过与再生混凝土生产厂家的协作，在施工现场设立再生混凝土及砂浆的生产厂房，不仅及时处理了该项目产生的混凝土及砌体建筑垃圾，而且将附近工程项目的有关建筑垃圾进行再生处理，产生良好的经济与环境效果。

国家"十二五"科技支撑计划"建筑工程传统施工技术绿色化及现场减排技术研究与示范"提出了"十三五"绿色施工技术研究的战略线路：在"十二五"研究基础上，"十三五"期间将结合国内外绿色施工的难点和热点问题，实现"一个突破三个强化"，即突破绿色施工低碳技术难点和热点，强化绿色施工的定量化、程序化和标准化建设，力争形成国内先进并具有国际竞争力的绿色施工技术。借鉴国际工程承包模式，绿色建造势在必行。欧美一些发达国家也编制了中长期绿色建造行动计划，英国于2013年底发布《Construction 2025》，这些文献对于规划未来5~10年绿色施工的发展方向，具有一定的借鉴作用。

1.3　国外绿色施工的发展概况

伴随着人们对能源与环境问题的重视程度提高，绿色建造在西方发达国家经历了从萌芽、探索到发展的演变。工业革命后，随着环境问题引起西方发达国家重视，"自维持"住宅的概念开始被提出，建筑材料的热性能、暖通设备的能耗效率和可再生能源等技术问题开始受到关注。20世纪70年代能源危机后，西方发达国家开始倡导节能建筑，为绿色建造的发展积累了技术和经验。20世纪末，西方发达国家的建造活动逐步将可持续发展确立为根本理念，绿色建造有关的立法、评价体系、示范工程等得以确立和实施，逐步探索与实践了"绿色建筑"、"零碳建筑"和"可持续建造"等绿色建造行动。21世纪以来，在前期探索和实践的基础上，绿色建造在西方发达国家得到较快的普及与推广，成为建造领域的主导发展方向。绿色施工是绿色建造的一个阶段。目前，全球绿色施工及相关的绿色建造学术理论研究较有影响的是英国与欧盟国家、美国和中国三大板块。

1990年，美国建筑师协会AIA成立环境委员会The Committee on the Environment (COTE)，倡导并推进设计过程整合建造和自然系统进而提升设计质量和建筑环境的环境绩效；同年，英国建筑研究院（BRE）推出建筑环境评价方法（BREEAM），逐步形成可持续建筑设计、施工、运营最佳实践的标准。1993年，Charles J. Kibert教授提出了可持续建造（Sustainable Construction）的概念，强调在建筑全生命周期中力求最大限度实现不可再生资源的有效利用、减小污染物排放和降低对人类健康的负面影响，阐述了可持续建造在保护环境和节约资源方面的巨大潜能。美国涉及绿色建造的评价标准体系数量多、影响大，最具代表性的是《能源和环境设计先锋标准体系》（Leadership in Energy and Environmental Design）。

1998年11月John Egan爵士领衔编著的《建造业再思考》（Rethinking Construction）发布，该报告借鉴其他产业（主要是制造业）工业化的方法，试图通过减少浪费和无附加值的活动改进建造业的绩效，其后逐步形成可持续建造的十大主题，其中涉及绿色施工的有精益建造、垃圾减量化、节能、减少污染、保护和提高生物多样性、保护水资源等内容。自2007年开始，欧盟逐步将可持续建造作为提升欧盟建造业核心竞争力的重要举措，2012年欧盟发布可持续竞争战略及有关技术政策。

在英国及欧盟的可持续建造理论的发展中，低碳建造及气候问题日益成为焦点问题。欧洲建造企业研究与发展网络于 2012 年发布了《建造业温室气体测量议定书》，参照国际碳排组织发布的项目温室气体核算标准制定了建筑业温室气体核算的框架模型；同年 2010 年英国发布《低碳建造》，描述了低碳建造现状，并预测未来中长期发展线路。自 2011 年，德国最大承包商 Hochtief 近年来致力于碳中和建造（CO_2-neutral construction）技术的研发，旨在对建筑物在建造和运营过程中产生的碳排放进行中和。为应对建筑物老化问题，Hochtief 还与达姆施塔特技术大学合作开展应对（建筑）老化新生概念技术研究。

此外，绿色建造整合工程立项策划、设计和施工，并在生成过程考虑建筑物建成后的物业管理和拆除的问题，并行建造（Concurrent Construction）是一个重要的举措，将绿色建筑策划、设计、施工、建筑的使用及拆除后的再生利用作为一个有机的整体考虑。整合项目交付（Integrated Project Delivery）在绿色建造领域成为一个更为常态化的工作，有利于从概念设计阶段到施工的完成施工单位的经验得到分享、需求得到重视。吸收制造产业的经验，精益施工成为绿色施工的一个综合性措施。采取精益施工的方法，可减低成本、增加利润进而提升竞争优势，尤其是在材料、设备、劳动力等资源高效利用方面发挥较大的作用。

1.4　中建八局绿色施工 2.0

中国建筑第八工程局有限公司秉持"建筑与绿色共生，发展和生态谐调"的环境管理方针，以工程项目绿色施工为载体，以绿色施工课题研发为先导，以绿色施工示范工程为引领，依靠科技进步和管理创新，全面推进绿色施工，促进了施工过程资源节约、排放减少，推动了科技进步与工程质量的提升，增加了企业的经济效益，不断探索、实践绿色施工。

1.4.1　体系建设

（1）管理体系——打造核心竞争力。在八局总部、各公司、各项目部设有绿色施工暨节能减排工作领导小组，归口管理绿色施工、节能减排工作。领导小组组长为局董事长，领导小组下设工作小组和综合管理办公司，局总经理任工作小组组长，综合管理办公室设在工程管理部。根据业务分工，依照目标管理的要求将绿色施工和节能减排工作职责分解到各管理部门，制定发展规划和年度计划，定期考核，确保绿色施工落到实处。

（2）研究体系——绿色建造研发的平台。在中建八局形成以工程研究院为核心、各公司技术中心为支撑的绿色施工研究体系，采取专兼职相结合的方式，机关总部、分公司或子公司、项目部三级机构技术、管理骨干参与绿色建造课题研究。八局工程研究院在原有技术中心基础上于 2014 年 7 月成立，设有院士工作站、博士后工作站和 7 个研究所，聚集一批绿色建造专家，其中绿色施工与装备研究所、绿色建筑与深化设计研究所、装配式建筑设计研究所，针对绿色建筑全生命周期不同阶段的重大问题开展绿色建造课题的研究，此外其他研究所也结合本专业特色配合绿色建造的研究，逐步形成全生命周期、全方位绿色建造研发的平台。

1.4.2 中建八局绿色施工 2.0

1.《绿色施工导则》及国家有关标准的定义

绿色施工是指工程建设中，在保证质量、安全等基本要求的前提下，通过科学管理和技术进步，最大限度地节约资源与减少对环境负面影响的施工活动，实现"四节一环保"（节能、节地、节水、节材和环境保护）。

2.中建八局绿色施工 2.0 定义

在工程建设中，通过科学管理和技术进步，采用符合"四节一环保"要求的先进施工工艺和技术措施，保证工程质量和安全的施工活动。

中建八局绿色施工 2.0 理念内涵："六化"

（1）常态化

1）绿色施工理念深入人心；

2）绿色施工工艺标准化；

3）绿色施工管理与工作行为标准化。

（2）一体化

1）绿色施工与日常施工管理一体化；

2）绿色设计、绿色采购与绿色施工一体化；

3）绿色施工技术与保证质量、安全一体化。

（3）系统化

1）国家政策、标准、规范系统化；

2）组织管理体系系统化；

3）绿色施工管理系统化。

（4）标准化

1）绿色施工工艺标准化；

2）绿色施工管理与工作行为标准化；

3）建立临建标准化图集。

（5）现代化

1）机械化；

2）工业化：标准化设计、工厂化生产、装配式施工；

3）信息化：大数据、互联网＋、BIM、点云扫描。

（6）精益化

1）优化流程管理，施行准时化施工；

2）优化管理网络，开展并行工程；

3）提升总承包管理，构建精益供应链。

1.4.3 标准编制及技术集成

2008 年获得国家标准《建筑工程绿色施工评价标准》的主编工作，于 2010 年会同有关单位编制申报成为国家标准 GB/T 50640—2010。国家标准《建筑工程绿色施工规范》GB/T 50905—2014，2014 年 1 月 29 日获得住建部批准，2014 年 10 月 1 日正式实施，由中建股份主编，中建八局编写结构部分。

2011年针对中建八局施工现场绿色施工技术措施的运用水平及未来推广趋势，征集并编撰《中建八局绿色施工技术措施》（2011），收录绿色施工技术56项，作为住建部十项新技术和中建八局十项新技术在绿色施工专业的补充。2013年度，总结、提炼绿色施工技术措施64项，加上原先的56项，形成绿色施工技术措施120项，收录于《绿色施工手册》（2013）。2015年度，收录于《绿色施工手册》近150项。《中国建筑业施工技术发展报告（2013）》2014年4月由中国建筑工业出版社出版，共52万字，其中绿色施工技术一章由中建八局撰写。

1.4.4 绿色施工 2.0 实施效果

（1）企业层面：促进企业在全国范围内积极开展绿色施工技术研究与应用；

（2）项目层面：每个项目施工前期，项目经理主持编写绿色施工组织设计并监督实施；

（3）过程管控：施工全过程中结合项目实际应用绿色施工技术并进行二次开发。

自2011年中国建筑业协会组织开展绿色施工示范工程评审工作以来，八局承建的"大连中心裕景"项目荣获首批"全国建筑业首批绿色施工示范工程"。2014年成都银泰中心项目被誉为"全国绿色建造集成技术应用的标杆"，先后接待8万余人次参观。

思考题：

1. 什么是绿色施工？绿色施工主要包括哪几个方面？
2. 中建八局绿色施工发展的组成有哪些？

第 2 章　绿色施工管理

本章学习要点：

了解绿色施工策划及采购的相关概念；掌握绿色施工实施及管理评价方法及手段。

绿色施工管理是一个体系，包括宏观的公共管理及微观的企业管理和项目管理。就项目层次而言，绿色施工需要在工程项目中，明确绿色施工的任务，在施工组织设计、施工专项方案编制过程中，做好绿色施工策划；在项目运行中有效实施并全过程监控绿色施工；在绿色施工评价中，严格按照 PDCA 循环持续改进，保障绿色施工取得实效；在采购过程中，严格按照绿色产品性能的要求采购材料、设备。

2.1　绿色施工策划

绿色施工策划主要是在明确绿色施工目标和任务的基础上，进行绿色施工组织管理和绿色施工方案的策划。绿色施工策划要明确组织架构、绿色施工目标、"四节一环保"指标、技术管理措施、重要影响因素识别及控制、检查及评价制度等。

工程项目策划在发达国家已成为工程项目建设管理程序的重要一环；在英国使用"brief"和"briefing"来表示"策划"和"策划过程"，而在美国则使用"program"和"programming"。第二次世界大战后，城市基础设施和房屋遭到严重破坏急待修复，社会经济秩序正在恢复，建设资金匮乏，为了保证建设项目投入资金的高回报，保证建筑功能和空间发挥最大的效益，将浪费降到最低点，各国政府、城市建设管理部门、开发商和规划师、建筑师开始注重工程建设的先导理论，如信息论、系统方法论、多元分析论及可行性研究等，这为后来的建筑策划理论框架的形成做了物质准备。近年来，强调"以人为本"，注重改善居住环境，让公众参与到社区建设中来，使绿色策划的意识大大加强。一些国家以法律的形式规定了何种等级以上的建筑必须要进行工程项目绿色策划。

1949 年新中国成立以后，我国以国家为投资主体进行了大规模的基本建设，成绩辉煌，举世瞩目，但教训也不少，特别是改革开放初期，基本建设程序不完善、不科学，急于求成，仓促上马，"三边工程"随处可见，造成浪费严重，建设效益不佳，主要原因就是对建设前期工作重视不足，重大决策缺乏充分的科学论证。工程项目策划的概念是在"改革开放、引进外资"的过程中逐步认识到的。目前，我国的工程项目策划实际上是由三方面主体完成的："市场"策划机构完成市场调研和项目可行性研究；建筑师完成产品技术策划和概念设计方案；建设单位确认策划，完成土地征地、项目立项等行政手续。近年来，我国的工业化、城镇化、新农村建设得到快速发展，每年的工程建设量巨大，同时，能源、土地、水资源及环境等问题日益严峻，绿色建筑、可持续发展已成为国家的基本国策，工程项目的绿色策划也显得日益重要，但主要集中于狭义上的绿色策划。

绿色施工策划是绿色施工的关键环节，企业应全力认真地做好绿色施工规划及年度计划，项目部应认真做好绿色施工策划。

1. 企业规划

企业根据国家、行业和地方政府对节能减排、环境保护和绿色建筑的规划要求，对企业绿色施工的目标指标、实施计划、实施措施、绿色施工项目等内容做出规划，并通过编制年度计划贯彻实施，实行绿色施工目标管理。

企业绿色施工规划的规划期一般为五年，与国民经济发展规划期相一致。

企业绿色施工规划的主要内容：

（1）企业临建区域（包括生活区与办公区）能耗指标：万元产值或平方米建筑能耗指标；能源综合开发利用计划。

（2）企业临建区域（包括生活区与办公区）水耗指标：万元产值或平方米建筑水耗指标；水资源综合利用计划。

（3）临时设施材料重复利用指标。

（4）临建设施绿化率指标。

（5）临时设施占地率指标。

（6）现场临建节地与土地保护目标指标及措施。

（7）环境污染控制指标：噪声、光、扬尘、废水、废气、建筑物室内环境质量及建筑垃圾控制指标；建筑垃圾综合利用计划。

（8）绿色施工项目（分优良、合格二个等级）；绿色建筑项目（分一、二、三星级）。

（9）绿色施工组织机构及管理职责。

（10）绿色施工实施计划与主要措施。

（11）绿色施工评价体系。

2. 企业年度计划

企业年度计划是依据企业规划要求，把目标指标逐年分解下达项目去实施。计划内容与规划内容基本相同，侧重点在目标指标分解和工作实施计划与措施，针对不同的项目提出具体要求，把当年目标指标下达每个项目。

3. 项目策划

绿色施工项目策划是工程项目推进绿色施工的关键环节，工程项目部应认真完成绿色施工策划。工程项目策划应通过工程项目策划书体现，是指导工程项目施工的纲领性文件之一。

项目根据公司的规划和年度下达的计划要求，对项目绿色施工提前进行策划，工程项目绿色施工策划可通过《XX工程项目绿色施工组织设计》、《XX工程项目绿色施工方案》或《XX工程项目绿色施工专项方案》来代替。

在编写绿色施工组织设计时，应按现行工程项目施工组织设计编写要求，将绿色施工的相关要求融入相关章节，形成工程项目绿色施工的系统性文件，并按公司规定的审批程序进行报批。

在编制绿色施工组织设计或绿色施工专项方案过程中，首先了解企业绿色施工规划及企业年度计划的内容，将企业的相关指标及要求结合项目实际情况制定绿色施工策划，方能切实指导和保证施工现场绿色施工的实施。绿色施工策划制定过程中，项目应该分析未来绿色施工过程中的影响因素，通过归纳法对绿色施工影响因素进行分析归类，制定与之相对应的治理措施，在绿色施工策划文件中有完整体现，形成实施绿色施工的完全封闭和严密的系统性策划文件，指导工程施工。绿色施工影响因素分析可以参照因素识别、影响因素评价、对策制定等步骤进行。

（1）绿色施工影响因素识别

借鉴风险管理理论的方法，可采用统计数据法、专家经验法、模拟分析法等方法来识别绿色施工影响因素。统计数据法：企业层面可以按照主要分部分项工程结合项目所在区域、结构形式等因素，对施工各环节的绿色施工影响因素进行识别与归类，通过大量收集、归纳和统计相关数据与信息，能够为后续工程绿色施工因素识别提供宝贵的信息积累。专家经验法：借助专家的经验、知识等分析工程施工各环节的绿色施工影响因素，这在实践中是非常简便有效的方法。模拟分析法：针对庞大复杂、涉及因素多、因素之间的关联性复杂等大型工程项目，可以借助系统分析的方法，构建模拟模型（也称仿真模型），通过系统模拟识别并评价绿色施工影响因素。绿色施工影响因素识别是制定绿色施工策划文件的前提，是极其重要的。

（2）绿色施工影响因素评价

在绿色施工影响因素识别完成后，应对绿色施工影响因素进行分析和评价，以确定其影响程度的大小和发生的概率等。在统计数据丰富的条件下，可以利用统计数据进行定量分析和评价。在一般情况下，也可以借助专家经验进行评价。

（3）针对绿色施工过程制定对策

根据绿色施工影响因素识别和评价的结果可以制定治理措施。所制定的治理措施要体现在绿色施工策划文件体系中，并将相应的落实责任、监管责任等依托项目管理体系予以落实。对那些环境危险小、容易控制的影响因素，可采取一般措施；对环境危害大的影响因素要制定严密的控制措施，并强化落实与监管。

2.1.1 项目绿色施工策划的组成

绿色施工策划主要包括绿色施工影响因素分析和绿色施工策划文件编制。

绿色施工影响因素分析依据"四节一环保"目标，对影响绿色施工的因素进行识别和评估，找出影响本工程绿色施工的主要因素。绿色施工策划文件包括两大等效体系：一是绿色施工组织设计文件体系，即绿色施工组织设计＋绿色施工方案；一是绿色施工专项方案文件体系，即传统施工组织设计与施工方案＋绿色施工专项方案。

绿色施工组织设计和绿色施工方案是直接指导绿色施工的技术文件，是在绿色施工影响因素分析的基础上进行的，是工程项目策划体系的重要组成部分，主要体现了项目的组织、资源配置、施工方法、技术管理、质量安全控制等内容。绿色施工组织设计文件体系编制的基本思路是以传统施工组织设计的内容要求和组织结构为基础，把绿色施工的原则、指导思想、目标、内容要求及治理措施等融入其中，形成绿色施工的一体化策划文件体系。这种策划思路显然更有利于工程项目绿色施工推进与实施。

绿色施工专项方案文件体系是由传统的工程项目策划文件与绿色施工专项方案文件简单叠加而成的，实质是将传统意义的施工组织设计、施工方案与绿色施工专项方案分别编制。工程项目绿色施工专项方案应包括但不限于以下内容：

（1）绿色施工概况；

（2）绿色施工目标；

（3）绿色施工组织体系和岗位责任分工；

（4）绿色施工要素分析及绿色施工评价方案；

（5）各分部分项工程绿色施工要点；

（6）工程机械设备及建材绿色性能评价及选用方案；

（7）绿色施工保证措施等。

工程实施中要求项目部相关人员同时对两个文件内容进行认真研究，充分消化和融合，形成新的技术文件体系，才能付诸实施，其操作相对复杂。

两类绿色施工策划文件体系各有特色，其编制均遵循了以下原则：

（1）以《建筑工程绿色施工评价标准》、《建筑工程绿色施工规范》及相关规范标准和相关法律法规为依据，均对绿色施工目标进行分解，形成了完善的绿色施工推进体系。

（2）结合工程实际，贯彻因地制宜的原则，针对绿色施工影响因素制定绿色施工方案，落实绿色施工要求。

（3）体现以人为本的原则，通过绿色施工策划文件体系编制和实施，推进机械化、工业化、信息化，以改善作业条件，减轻劳动强度。

（4）重视绿色施工研究，结合工程项目和企业特点，开展管理和技术创新，形成切实可行的绿色施工激励机制和创新体系。

2.1.2 绿色施工组织设计前期策划

1. 绿色施工组织设计编制机构确定

项目经理部组建之际，项目经理则策划绿色施工组织设计策划书明确编制组织，明确各管理岗位的编制责任，详见表 2-1。

各管理岗位的编制责任表 表 2-1

序号	编制内容		主笔人员	协助人员
1	编制依据		技术负责人	各编制人
2	工程概况		技术负责人	项目经理
3	绿色施工影响因素		技术负责人	各编制人
4	施工部署（安排）		项目负责人	技术负责人、生产经理
5	施工进度计划		生产经理（或主管工长）	预算员、技术负责人
6	施工准备与资源配置计划	技术准备	技术负责人	
7		现场准备	生产经理（或主管工长）	
8		资金准备	合约经理	
9		各项资源计划	技术负责人	生产经理、合约经理
10	主要施工方法（方案）及工艺要求		技术负责人	各专业工程师
11	施工现场平面布置		生产经理（或主管工长）	
12	绿色施工管理计划		技术负责人	各专业工程师
13	进度管理计划		生产经理（或主管工长）	技术负责人、合约经理
14	质量管理计划		质量总监（或技术负责人）	技术负责人

序号	编 制 内 容	主 笔 人 员	协 助 人 员
15	安全管理计划	安全总监(或技术负责人)	技术负责人、生产经理
16	成本管理计划	合约经理(或成本员)	技术负责人
17	信息化施工管理计划	技术负责人	

2. 绿色施工组织设计编制流程

绿色施工组织设计编制遵循一定的流程，做到有序安排，充分掌握一手资料。编制包括三个阶段，详见图 2-1。

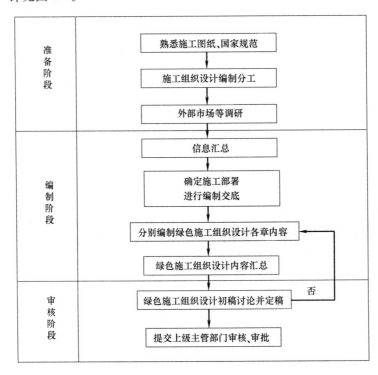

图 2-1 编制三阶段图

2.1.3 绿色施工组织设计编制

1. 绿色施工组织总设计编制

绿色施工组织总设计是针对若干单位工程组成的群体工程或特大型项目施工，所策划的较为宏观性的绿色施工组织设计，对整个项目的绿色施工过程起统筹规划、重点控制的作用。

绿色施工组织总设计编制一般包括编制依据、工程概况、绿色施工总体影响因素、总体施工部署、施工总进度计划、总体施工准备与主要资源配置计划、主要施工方法、施工总平面布置以及各项管理计划等基本内容。

绿色施工组织总设计可按照附件"绿色施工组织总设计编制模板"的格式进行编制，实现图表化编制要求。

2. 单位工程绿色施工组织设计编制

单位（项）绿色施工组织设计的编制要点基本同绿色施工组织总设计的要求一致，所不同的是单位（项）绿色施工组织设计是在绿色施工组织总设计指导下的较为具体、细化的绿色施工组织设计，如主要施工方案的编制，在施工组织总设计所确定的一个原则性的施工方法基础上，对各分部或分项工程施工方法如何实现做一个具体的策划和安排。同时还应进一步对各分部分项项目做四节一环保、节能降耗方面的分析，提出绿色施工影响因素，并提出相应的对策或措施。在具体确定施工方案、施工方法和操作要点时，则要贯穿绿色施工这根主线，形成绿色施工方案。

单位（项）工程绿色施工组织设计按照"单位（项）工程绿色施工组织设计编制模板"的格式进行编制，实现图表化编制要求。

2.1.4 绿色施工组织设计管理

1. 绿色施工组织设计管理体系

（1）绿色施工组织设计分类管理。

绿色施工组织设计可分为绿色施工组织总设计、单位（项）工程绿色施工组织设计、专项绿色施工方案。

中建八局针对专项项目的安全重要级别，对专项绿色施工方案划分等级，实行分级管理（图 2-2）。

方案	A类方案	超过一定规模的危险性较大工程专项安全施工方案:危险性较大的分部分项工程安全管理办法(建质[2009]87号)附件二所列范围。
	B类方案	危险性较大工程专项安全施工方案:危险性较大的分部分项工程安全管理办法(建质[2009]87号)附件一所列范围。
	C类方案	一般性专项安全施工方案,包括但不限于:未达到危险性较大所规定范围(B类)的分部分项工程,现场临时用电施工、群塔作业、现场防护、达到一定规模的现场消防施工。
	D类方案	专项技术方案,包括但不限于:A、B、C类以外的项目施工方案,季节性工程施工等。

图 2-2 施工方案等级划分

（2）完善管理机构。

绿色施工组织设计在总工程师领导下进行管理工作（图 2-3）。

（3）明确管理职责。

2. 绿色施工组织设计审核审批流

专项绿色施工方案审批分为 A、B、C、D 四类，分别由局总部（特殊要求的 A 类方案）、二级单位（A、B 类方案）、三级单位审批（C、D 类方案）审批。

3. 绿色施工组织设计交底

项目在实施前，对绿色施工组织设计实施逐级交底。

（1）绿色施工组织总设计由总包部项目经理进行交底。

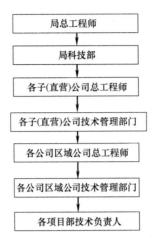

图 2-3　管理机构

（2）单位（项）工程绿色施工组织设计由专业项目经理部经理进行交底。

（3）重大项目绿色施工方案由项目部技术负责人进行交底。

（4）一般性绿色施工方案由项目部专业工程师（工长）进行交底。

4. 绿色施工组织设计动态管理

危险性较大项目实施后（或实施过程中）组织验收。

验收内容包括：班组交底，特殊项目施工企业资质情况，特殊工种操作人员持证情况，材料（产品）合格证和检测报告情况以及实体具体构造要求等。

2.2　绿色施工采购

2.2.1　绿色施工采购定义

采购是施工过程中的重要环节，绿色施工采购是指按照绿色施工"四节一环保"目标，依据国家、地方政府绿色采购政策规定，采购绿色材料和设备的活动，包括合格绿色供应商的评价和选择以及材料和设备计划、运输、保管、验收等工作。

绿色材料和设备主要包括三个方面：

1. 绿色施工建材及构配件：即采用清洁生产技术，使用农业或城市固态废弃物生产的可循环重复利用、无毒害、无污染、无放射性产品，或保温隔热性能高、节水节材效果好的建筑材料，如：高强钢材、多功能高性能混凝土、保温承重一体化墙体等。

2. 绿色施工机具：即具备施工高效率、低能耗、周转次数多、场地占用少、安全性能高等特点的施工机械及工具，如塔吊、变频施工电梯、塑料模板、自动爬升模架、"管件合一"脚手架等。

3. 绿色楼宇设备：即在设备寿命期内具备能效高、能耗低、污染少等特点的工程设备，如变频设备、蓄冰空调、地（水）源热泵机组、LED照明、智能化设备等。

2.2.2　采购指标要求

1. 强制性指标要求，即国家或地方政府法律法规明确规定的材料和设备必须满足的要求，包括有害组分含量、废弃物利用率和能效指标、污染物排放量等。

2. 推荐性指标要求，即一些行业组织或社会认证机构推荐使用的产品技术指标。

2.2.3 采购验收

材料和设备进场时应有专人验收，材料和设备必须具有合格证，必要时应进行复检，各项指标满足绿色施工要求。

2.2.4 机械采购

1. 中国建筑科学研究院北京建筑机械化研究院编写了我国第一部国家标准《工程机械减轻环境负担的技术指南》GB/T 26546—2011，已经发布实施，标准规定了工程机械及其用品为减轻环境负担而应符合的要求，给出了产品开发、改进时可减轻环境负担的技术指南，为本项目实施奠定了技术基础。

2. 大型企业集团投资研发绿色施工机械新技术

"柳工集团"在再制造方面于 2009 年 5 月启动西南再制造中心项目，从柴油机再制造的培训开始，继而向工程机械液压系统泵、阀、油缸和液压马达等零部件的再制造过渡，最终将推进装载机、推土机、挖掘机等各类工类工程机械整车的节能技术提升。

"徐工集团"开发了"天然气动力的装载机"等新技术，对各类工程机械的节能、减排、节材、降噪等指标开展研究攻关，并取得相应成果。

"山推股份"开发了绿色节能型推土机等先进技术实现了节能。

抚顺永茂研发的大型塔式起重机质量稳定可靠，节省安装基础、节约用电、噪声低等绿色指标先进。

"山东临工"通过创新匹配，使装载机常用工况在理想的低油耗区，提高了整机的功率利用率。

3. 起草并申报立项国家标准《建筑施工机械绿色性能指标与评价方法》，已经获得国标委批准（国标委综合 2014 年 67 号文）

（1）节能指标

节能指标：施工机械在单位时间内所消耗的燃油或电能。

效率指标：施工机械在单位时间内完成的工作量。

技术要求：施工机械在单位时间内所消耗的燃油或电量处于行业同类产品的平均水平以下。

（2）环保指标

环保指标：施工机械在单位时间内所产生的气体和颗粒物排放值。

技术要求：施工机械的排放值符合国家和地方的有关规定要求，处于行业同类产品平均水平以下。

（3）噪声指标

噪声指标：施工机械操作司机耳边噪声和辐射噪声值。

技术要求：施工机械的噪声符合司机耳边噪声和辐射噪声值的规定，处于同类产品平均水平以下。

2.2.5 材料采购

1. 材料采购现状

当前施工管理采购的主要流程为，物资采购部门根据项目的进度计划和材料需求计划，随时核对材料库存水平，当发现库存不能满足生产需要时，物资采购部门就要与材料供应商进行联系，磋商和交易，最后供应商将材料送至施工现场。采购的重点往往放在如何与供应商进行商务贸易的活动上，特别是交易过程中供应商的价格比较。通过供应商间的价格竞争，从中选择价格最低的作为合作者。质量、交货期都是通过事后把关的办法进行控制。因此，双方经常需要经过报价、询价、还价等谈判，采购成本偏高，采购应变能力不强。

2. 材料采购原则

施工物资具有其他物资所不具有的特点：第一，物资品种较为繁多，涉及面广，用量大；第二，采购随机性大，即便经过非常精细地预测，也不能够排除图纸变动和设计变更，以及突发事件等的影响造成采购计划的变更；第三，资料的要求较高，可追溯性强，每一种物资都必须具有质量合格证明文件；第四，市场性特征，部分主要建材的价格受市场波动的影响大，如钢材等；第五，时间特征，包括选购时间和施工用料的时间，这些时间受设计和施工中资金、工期、施工方案等方面的影响。建筑物资本身的特殊性决定了建筑物资采购相对复杂，并且难以控制。建筑物料采购和其他采购存在明显差异和不可替代性，其采购必须在确保施工生产的顺利进行和满足工程工期需要的前提下进行，因此，建筑材料采购必须遵循以下三个原则：

（1）适时适量原则

建筑制造是一典型的产品固定式的生产，各种原材料由供应商送至建筑商品制造地，为保证工程建造活动的顺利进行，要求材料的供应必须及时到位，否则造成窝工和停工，将造成不可估量的损失。同时，还要保证适量采购，采购量不足，易造成工程窝工，采购量过剩可能造成浪费、增加额外的仓储和保管费用。因此建材的采购要适时适量，既保证供应，又成本最小。

（2）质量原则

建筑材料是建造的基础，其质量好坏对建筑产品的质量起着决定性作用，往往因为建材质量问题引起的返工成本高，而且耗时、延误工期，因此，在建材采购的过程中，要首先保证其质量，但同时，也要做到适量原则，质量太低当然不行；质量过高也没必要，还增加了采购费用。所以要求建筑材料采购要在保证质量的前提下尽量采用价格低廉的物品。

（3）费用原则

费用最省，是物资采购要始终贯穿于方方面面的准绳。由于建筑工程项目的工期长，建材种类繁多，部分主要建材需求量大，如：钢筋、水泥等，采购活动次数多，因此，在建筑材料采购的全过程中，要注意巧妙选用采购策略，使得总采购费用最小，降低工程成本。

3. 材料采购的几点建议

（1）转变建筑供应链思想

在整体供应链的角度下，建筑企业为了获取尽可能多的利润，必须尽可能多地从占工程成本 60% 左右的材料费中获取价值，重视材料采购管理，想方设法加快物料和信息的流动。供应链管理下施工企业的采购是一个动态过程，它涉及企业技术、供应、施工、质量、生产、财务等所有部门和所有相关人员，建立一种适应施工企业生产特点的采购组织机构非常重要，采购组织内的成员齐心协力做好采购工作，以满足项目要求为目标，以尽量节约成本为准则，对项目负责，对整个企业负责。

（2）重视采购计划编制

采购计划的编制是整个采购活动的关键。由于施工材料的种类繁多，对采购材料的准时性要求高，因此，应该格外重视对材料采购计划的编制，采购计划由技术人员进行材料需用计划的编制，其主要依据是图示量和施工方案的选择等具体要求。

（3）提高采购管理的信息化程度

建筑施工对材料到货的准时性要求高，因此提高采购管理的信息化显得十分必要，使得供应链上的成员实现信息的实时共享，确保了各环节的协调运行。在企业内部，通过建立物流信息系统，以物资采购计划为主线，将供应商管理、物资采购合同管理、物资报表管理、现场库存管理与成本控制联系在一起，保证了物资信息的快速、准确传递与信息共享，以尽量避免因信息不畅导致的采购数量上的浪费和因采购不及时而造成的工程成本增加等现象。在企业外部，与供应商建立战略合作伙伴关系，通过信息化的提升与供应商共享材料的需求和库存状况，使其也参与到整个材料管理中来，及时应变，提升服务质量。最终达到建筑企业和材料供应商的双赢局面。

（4）提高采购人员素质

建筑供应链下的材料采购是一个动态的全过程采购，其采购不仅要掌握特有的采购技巧和策略，还要掌握一定的工程、预算、合约、法律方面的相关知识，以及其他关于产品、市场等很多方面的综合知识，因此，它对采购人员的素质提出了新的要求，他们必须具有全局的眼光、敬业的精神和熟练的专业技能，充分应用现代物流管理技术完成建筑材料的全过程管理。

（5）加快第三方物流的发展

建筑供应链下，建筑单位与材料供应商之间是一种长期、稳定的战略伙伴关系，由于这种特征的存在，随着项目地的变迁，供应商不得不依托第三方物流（Third Party Logisties，简称 3PL 或 TPL）进行材料的配送。但目前由于相关技术发展还不成熟，常会出现第三方物流层层转包而延误交货期的难控制局面。因此，相关部门必须加强对建筑业第三方物流的规范管理，使其满足建筑供应链下采购的需求。

随着建筑业内企业之间的竞争日趋激烈，建筑供应链的发展已成为大势所趋。作为项目增值的起点和供应链管理的重要组成部分，采购活动管理对建筑企业有着重要的影响。因此，在建筑供应链下，材料采购管理需转变思想，重视采购计划编制，强化供应商管理，同时还要着力提高采购管理的信息化程度，加强采购队伍建设。总之，新时期建筑供应链下的施工材料采购管理任重而道远。

2.3 绿色施工的实施

绿色施工的实施是一个系统工程，需要在管理层面充分发挥计划、组织、领导和控制职能，严格按绿色施工策划文件实施。

2.3.1 建立系统的管理体系及教育培训

1. 建立系统的管理体系

目前工程项目绿色施工管理体系主要由组织管理体系和监督控制体系构成。

在组织管理体系中，要确定绿色施工的相关组织机构和责任分工，明确项目经理为第一责任人，使绿色施工的各项工作任务有明确的部门和岗位来承担。如某工程项目为了更好地推进绿色施工，建立了一套完备的组织管理体系，成立由项目经理、项目副经理、项目总工为正副组长及各部门负责人构成的绿色施工领导小组。明确由组长（项目经理）作为第一责任人，全面统筹绿色施工的策划、实施、评价等工作；由副组长（项目副经理）挂帅进行绿色施工的推进，批次、阶段和单位工程评价组织等工作；另一副组长（项目总工）负责绿色施工组织设计、绿色施工方案或绿色施工专项方案的编制，指导绿色施工在工程中的实施；同时明确由质量与安全部负责项目部绿色施工日常监督工作，根据绿色施工涉及的技术、材料、能源、机械、行政、后勤、安全、环保以及劳务等各个职能系统的特点，把绿色施工的相关责任落实到工程项目的每个部门和岗位，做到全体成员分工负责，齐抓共管。把绿色施工与全体成员的具体工作联系起来，系统考核，综合激励，取得了良好效果。

绿色施工需要强化计划与监督控制，有力的监控体系是实现绿色施工的重要保障。在管理流程上，绿色施工必须经历策划、实施、检查与评价等环节。绿色施工要通过监控，测量实施效果，并提出改进意见。绿色施工是过程，过程实施完成后绿色施工的实施效果就难以准确测量。因此，工程项目绿色施工需要强化过程监督与控制，建立监督控制体系。体系的构建应由建设、监理和施工等单位构成，共同参与绿色施工的批次、阶段和单位工程评价及施工过程的见证。在工程项目施工中，施工方、监理方要重视日常检查和监督，依据实际状况与评价指标的要求严格控制，通过 PDCA 循环，促进持续改进，提升绿色施工实施水平。监督控制体系要充分发挥其旁站监控职能，使绿色施工扎实进行，保障相应目标实现。

2. 教育培训

在项目层面也通过多种形式对有关管理人员和劳务队伍进行培训、教育。目前国内劳务企业规模小、流动性强，社会层面组织的教育、培训难度较大，在这种情况下，大型总承包企业通过现场教育、培训的组织，对于提高劳务队伍绿色施工的意识、技能，进而保证绿色施工的全面实施发挥了重要的作用。

2.3.2 绿色施工承包模式

现有工程施工与设计、采购分裂的承发包模式不利于绿色施工的实施，需要推进建筑工程绿色建造总承包管理模式。在工程项目中推进 EPC、DB 等工程总承包的绿色建造模式，促进工程项目立项、设计与施工一体化，将使工程立项策划、设计和施工等关键环节得到一体化安排和筹划，有助于主体责任方从设计、施工整体角度出发，确保工程质量、安全和造价的全面受控，有利于生态环境的保护和资源的高效利用，是一种国际通行的工程项目总承包的先进建设模式。目前，可首先探索推动施工图设计移位，将施工图设计从设计方移位到施工方，便于工程总承包单位基于绿色建造，实现设计与施工管理和技术的协同，加快建设体制改革和设计施工一体化的发展，提高施工图质量，促使施工图设计与施工现场实际的有机融合。

推进工程总承包主导的绿色建造模式，需强化绿色建造管理体系建设。在绿色建造管理体系构建上，可以从宏观、中观、微观三个层面推进。在宏观层面上，要构建政府、行业协会、建筑企业、建设单位和咨询业协同推进绿色建造的管理体系，鼓励绿色建造相关咨询服务业发展；在中观层面上，要构建政府职能部门内部、行业协会内部、建筑企业内部的绿色建造管理体系；在微观层面上，要将绿色建造管理纳入建设项目管理体系，促进绿色设计与绿色施工的一体化发展。通过构建全方位的绿色建造管理体系，为推进绿色建造提供组织管理保障。我国新的资质标准已对大型施工企业的设计能力提出了明确要求，加速了我国施工企业具备设计能力的进程。制定切实的强制措施，促使施工企业尽快形成满足绿色建造需要的设计能力，进而形成一支设计理念超前、技术能力较强、具有设计施工一体化的绿色建造视野的专业技术队伍，对于提升工程项目绿色建造的总体实施效果具有重要意义。因此鼓励大型施工企业不断增强其工程设计和基于工程项目的总承包能力，实现建造过程和建筑产品的全面绿色，是推进绿色建造的重要环节。

2.3.3 绿色施工的动态管理

对整个施工过程实施动态管理，动态管理的对象主要包括地基与基础工程、主体结构工程、建筑装饰装修工程、建筑保温及防水工程、机电安装工程等方面。绿色施工的动态管理要求强化施工准备、过程控制、资源采购和评价管理。

1. 检查与监测

绿色施工的检查与监测包括日常、定期检查与监测，其目的是检查绿色施工的总体实施情况，测量绿色施工目标的完成情况和效果，为后续施工提供改进和提升的依据和方向。检查与监测的手段可以是定性的，也可以是定量的，近年来依靠科技进步，工程项目的监测技术装备不断改进。工程项目按照绿色施工方案进行日常检查或月度检查或节点检查，并应按照"四节一环保"考核的相关要求进行分类统计，定期与设定的预期目标进行分析、纠偏、改正、再提升。

2. 技术创新

根据工程特点、重点、难点确定技术创新课题，通过产学研科技创新及群众性的"五小"活动，采用一批实用的绿色施工技术措施，提升绿色施工水平。调查表明，一些企业近年来推行设计方案和施工方案"双优化"工作，其中绿色施工技术占35%左右，相应的专利、工法等科技成果中绿色施工技术约占20%。

3. 沟通协调

建立以项目经理为核心的沟通协调机制。结合工程项目的特点，重视与工程项目建设相关方的沟通，营造绿色施工的氛围。工程项目绿色施工过程中加强业主、设计、施工、监理各相关方的交流，充分利用文件、网站、宣传栏等载体强化绿色施工沟通。

通过启动会、工程例会、定期报表、报告、评审会议适时向业主、监理反馈绿色施工进展状况，依照监理、设计的指令及时对绿色施工的实施进行调控，依照施工经验针对设计变更、材料代用提出合理化建议。

4. 持续改进

绿色施工贯穿整个工程施工的全过程，在各施工阶段中严格落实工程项目绿色施工策划文件的要求，在施工过程的各主要环节中进行动态管理和控制，充分利用绿色施工评价手段，建立持续改进机制，通过绿色施工评价形成整改意见及下批次防止再发生的改进意见，促进绿色施工各阶段、各批次、各要素检查质量的提高，指导工程项目绿色施工的持续改进。国内有关研究结合绿色施工示范工程的实施将绿色施工持续改进（PDCA 循环）细分分为八个步骤：（1）明确"四节一环保"的主题要求；（2）设定绿色施工应达到的目标；（3）策划绿色施工有关的各种方案并确定最佳方案；（4）制定对策，细化分解策划方案；（5）绿色施工实施过程的测量与监督；（6）绿色施工的效果检查；（7）绿色施工做法标准化；（8）总结提升。

2.4 绿色施工评价

绿色施工评价是绿色施工的一个重要环节。我国从逐步重视绿色施工到推出《建筑工程绿色施工评价标准》GB/T 50640—2010 经历了一个较长过程。2008 年住建部立项《建筑工程绿色施工评价标准》，由中国建筑股份有限公司、中国建筑第八工程局有限公司为主编单位，于 2010 年 11 月正式发布。

《建筑工程绿色施工评价标准》确立了绿色施工评价的基本规定，要求绿色施工评价以建筑工程施工过程为对象，明确绿色施工项目在体系建设、策划、"四新"技术创新与应用、培训、持续改进、文件记录等方面的规定；同时，也规定了工程项目施工过程如果发生 6 类事故之一，则为绿色施工不合格项目。

根据工程项目和环境特性，增减调整《建筑工程绿色施工评价标准》的评价点数量，并选择企业绿色施工的特色技术列入优选项的评价点范围，经建设单位、监理单位评审认同后，列入《建筑工程绿色施工评价标准》进行绿色施工评价。评价工作每月至少进行一次，评价结果需由建设单位、监理单位和施工单位签章确认，并保留好过程评价资料。

2.4.1 绿色施工评价基本规定

1. 基本要求

（1）实施绿色施工，开工前应进行绿色施工总体策划，制定绿色施工实施方案和"节能、节地、节水、节材和环境保护"目标，实施目标管理。

（2）实施绿色施工，应对施工策划、材料采购、现场施工、工程验收等各阶段进行控制，加强对整个施工过程的管理和监督。

（3）实施绿色施工，应注重"四新技术"的研究和推广应用。

（4）凡发生以下情况的项目，不得进行绿色施工评价：

1）施工中发生塌方、泥浆外溢；因施工导致周围建筑物、构筑物开裂；施工扰民等情况并造成严重社会影响。

2）施工过程中发生死亡事故。

3）发生质量事故，造成严重影响。

2. 绿色施工评价与等级划分

（1）绿色施工评价指标体系由施工管理、环境保护、节材与材料资源利用、节水与水资源利用、节能与能源利用、节地与施工用地保护六类指标组成。每类指标包括控制项、一般项与优选项。

（2）绿色施工评价以一个施工项目为对象，分为施工过程评价、施工阶段评价、单位工程评价三个层次。单位工程划分为地基与基础、主体结构（含屋面）装饰装修与安装三个施工阶段，每个施工阶段又按时间段或形象进度划分为若干个施工过程。群体工程或面积较大分段流水施工的项目，在同一时间内两个或三个施工阶段时施工，可按照工程量较大的原则划分施工阶段。

（3）施工过程、施工阶段和单位工程评价均可按照满足本标准的程度，划分为基本绿色、绿色、满意绿色三个等级。

3. 绿色施工过程评价方法及等级划分

（1）控制项全部符合要求。

（2）各类指标中的一般项满分为 100 分，按满足要求程度逐项评定得分（最低为 0 分，最高为该项应得分），然后计算一般项合计得分，如有不发生项，按实际发生项评定实际得分（实际得分和/应得分和）×100。

（3）每类指标中的优选项满分为 20 分，按实际发生项满足要求的程度逐项评定加分（最低为 0 分，最高为该项应加分），然后计算优选项合计加分。

（4）该类指标合计得分＝ 一般项合计得分＋优选项合计加分。

（5）该过程评价总分为六类指标合计得分总和。

（6）评价总分≥360 分时，评价为基本绿色；评价总分≥450 分时，评价为绿色；评价总分≥540 分时，评价为满意绿色。

4. 施工阶段绿色施工评价

（1）施工阶段绿色施工评价在该阶段施工基本完成并在过程评价的基础上进行。施工阶段评价包括现场评价和复核过程评价档案资料两个部分。

（2）现场评价按标准进行。

（3）当现场评价为基本绿色，该阶段所有过程评价结果均为基本绿色以上，该施工阶段评价为基本绿色。

（4）当现场评价为绿色，该阶段所有过程评价结果 50％为绿色以上，且所有过程评价总分平均≥450 分，该施工阶段评价为绿色。

（5）当现场评价为满意绿色，该施工阶段所有过程评价结果 50％为满意绿色，且所有过程评价总分平均≥540 分，可评价为满意绿色。

5. 单位工程绿色施工评价

（1）单位工程绿色施工评价在竣工交验后进行。

（2）单位工程评价主要汇总、复核施工阶段评价资料。

（3）当单位工程只有一个施工阶段时（如单独的装饰或安装工程等），施工阶段评价等级即为单位工程评价等级。

（4）当单位工程含有两个施工阶段时，按以下条件确定评价等级：

1）一个施工阶段评价为满意绿色，另一个施工阶段评价为绿色以上，单位工程评价为满意绿色；

2）一个施工阶段评价为绿色以上，另一个施工阶段评价为基本绿色以上且该阶段所有过程评价总分平均≥420分时，单位工程评价为绿色；

3）两个施工阶段均评价为基本绿色以上，达不到本款1）、2）项规定条件的，单位工程评价为基本绿色。

（5）当单位工程含有三个施工阶段时，按以下条件确定评价等级：

1）三个施工阶段中有两个评价为满意绿色，其中主体阶段必须为满意绿色，另一个为绿色以上时，单位工程评价为满意绿色。

2）三个施工阶段中有两个评价为绿色以上，其中主体阶段必须为绿色以上，另一个施工阶段为基本绿色以上且该施工阶段所有过程评价总分≥420分时，该单位工程评价为绿色。

3）三个施工阶段均评价为基本绿色以上，达不到本款1）、2）项规定条件的，单位工程评价为基本绿色。

6. 绿色施工评价组织

（1）施工过程评价由项目经理组织相关人员（亦可聘请外部相关人员参加）进行评价，填写评价记录，收集相关证明资料，并建立评价档案。

（2）施工过程评价按时间段或工程形象进度控制评价频率。每个阶段至少评价2次；阶段工期超过一个月的，每月评价一次。

（3）施工阶段和单位工程评价，应由公司（直营公司）组织相关人员进行评价。

2.4.2 评价指标

1. 施工管理

（1）控制项

1）建立以项目经理为第一责任人的绿色施工领导小组，并明确绿色施工管理员。

2）明确绿色施工管理控制目标，并分解到各阶段和相关管理人员。

3）编制绿色施工专项方案，或在施工组织设计中独立成章，方案中"四节一环保"内容齐全，按企业规定进行审批。

4）分别设定"四节一环保"控制指标，定期进行计量、核算、对比分析，并有预防与纠正措施。

5）采取有效形式对绿色施工作宣传，营造绿色施工氛围；定期对相关人员进行绿色施工知识培训，增强绿色施工意识。

6）按照本标准的要求，定期进行绿色施工自我评价，并留有相关记录。

（2）一般项

1）结合绿色施工目标分解，制订绿色施工考核指标和绿色施工的激励和处罚制度。

2）贯彻《职业健康安全管理体系规范》GB/T 28001－2001、《环境管理体系要求及使用指南》GB/T 24001－2004 idt ISO14001：2004，并按照本企业《项目管理手册》MS03"职业健康安全管理"和"环境、CI与文明施工管理"要求运行。

3）项目审批立项为本企业"绿色施工示范工程"，并按规定组织实施。

4）针对绿色施工管理或"四节一环保"内容开展小组攻关活动，提高绿色施工管理和技术水平。

　　5）签订分包合同时，将"四节一环保"指标纳入合同条款，进行计量和考核。

　　（3）优选项

　　1）结合工程特点，立项开展有关绿色施工方面新技术、新设备、新材料、新工艺的开发和推广应用技术研究，并取得阶段性成果。

　　2）项目审批立项为省、部级"绿色施工示范工程"，并按有关规定实施。

　　2. 环境保护

　　（1）控制项

　　1）运送土方、建筑垃圾、建筑材料、机具设备等，不污损场外道路。

　　2）回收有毒有害废弃物，并交有资质的单位处理；施工现场严禁焚烧各类废弃物。

　　3）针对不同的污水，设置沉淀池、隔油池、化粪池等设施，无堵塞、渗漏、溢出等现象发生。

　　4）建筑垃圾应按有关规定分类收集存放，不可再利用的及时清运。

　　5）生活垃圾设置封闭式垃圾容器，并应及时清运。

　　6）保护施工场地内及周边各种地下设施，保证各类管道、管线、建筑物、构筑物安全运行。

　　7）施工过程中一旦发现文物，必须立即停止施工，保护现场，通报文物部门并协助处理。

　　（2）一般项

　　1）作业区土方施工过程，目测扬尘高度不大于1.5m，不扩散到场区外；结构、安装、装饰阶段，目测扬尘高度不大于0.5m。现场非作业区目测无扬尘。

　　2）现场噪声排放不得超过国家标准《建筑施工场界噪声限值》GB 12523的规定，在禁令时间内停止产生噪声的施工作业，不发生对施工噪声的合理投诉。

　　3）采取措施避免或减少光污染，不发生对光污染的合理投诉。

　　4）施工现场污水排放应符合当地有关规定。

　　5）基坑降水时，采取有效措施减少抽取地下水。

　　6）在缺水地区或地下水位持续下降地区或当基坑开挖抽水量大于50万 m^3 时，应采取地下水回灌措施。

　　7）对有毒化学品、油料等材料储存地，机械设备漏油、油料使用等应采取有效隔离措施，做好渗漏液的收集和处理。

　　8）采取措施，保护地表环境，防止土壤侵蚀、流失。

　　9）采取有效措施，加强建筑垃圾的回收再利用，实现建筑垃圾减量化。

　　10）避让、保护施工场区及周边的古树名木，确需迁移的，协助相关部门处理。

　　11）石材、陶瓷等建筑材料应具有放射性检测报告，并且符合《建筑材料放射性核素限量》GB 6566的规定。

　　12）民用建筑工程验收时，进行室内环境污染浓度检测，检测结果应符合《民用建筑工程室内环境污染控制规范》GB 50325的规定。

　　（3）优选项

　　1）在施工场界四周隔挡高度位置测得的大气总悬浮颗粒物（TSP）月平均浓度与城

市背景值的差值不大于 0.08mg/m³。

2）建筑垃圾的再利用和回收率达到 30%；建筑物拆除产生的废弃物再利用和回收率大于 40%；碎石类、土石方类建筑垃圾，再利用率大于 50%。

3. 节材与材料资源利用

（1）控制项

1）根据施工进度、库存情况等合理安排材料的采购、进场时间和批次，减少库存。

2）材料运输工具适宜，装卸方法得当，防止遗撒和损坏。

3）现场材料堆放有序，储存环境适宜，措施得当；保管制度健全，责任落实。

4）预留、预埋应与结构施工同步。

（2）一般项

1）主要材料损耗率比定额损耗率降低 30%。

2）采用管线综合平衡技术，优化管线路径，避免预留、预埋遗漏。

3）尽量就地取材，施工现场 500km 以内生产的建筑材料用量占建筑材料总用量 70% 以上。

4）推广使用高强度钢材和高性能混凝土，减少资源消耗。

5）使用预拌混凝土；当现场搅拌时，应使用散装水泥。

6）大型结构件采用工厂制作，采用合理的安装方案，减少措施费和材料用量。

7）大型结构件、大型设备、砌体材料等应一次就位卸货，避免或减少二次搬运。

8）门窗、屋面、外墙等围护结构选用耐候性、耐久性、密封性、隔声性、保温隔热性、防水性等性能良好的材料，选择合理的节点构造和施工工艺，应符合《建筑节能工程施工质量验收规范》GB 50411 的规定。

9）施工前，应对贴面类块材进行总体排版策划，最大限度地减少废料的数量。

10）各类油漆及粘结剂随用随开启，不用时及时封闭。

11）木制品及木装饰用料、玻璃等各类板材应在工厂采购或定制。

12）采用非木质的新材料或人造板材代替木质板材。

13）采用定型钢模、钢框竹胶板代替木模板，用定型钢龙骨多层胶合板模板体系代替木方龙骨多层胶合板模板体系。

14）高层建筑采用整体提升或分段悬挑外脚手架。

15）临时用房、临时围挡材料的可重复使用率达到 70%。

16）选用耐用、维护与拆卸方便的周转材料；采用工具式模板、钢制大模板和早拆支撑体系，提高模板、脚手架周转次数。

（3）优选项

1）推广使用预拌砂浆或干混砂浆。

2）使用专业加工与配送的成型钢筋。

3）现场临时道路和地面硬化采用可周转使用的块材铺设。

4）住宅工程推广菜单式装修，交付成品工程。

4. 节水与水资源利用

（1）控制项

1）施工现场供水管网根据用水量设计布置，管径合理、管路简捷。采取有效措施杜绝管网和用水器具的漏损。

2）在非传统水源和现场循环再利用水的使用过程中，采取有效的水质检测与卫生保障措施，防止对人体健康、工程质量以及周围环境产生不良影响。

（2）一般项

1）混凝土养护应采取有效的节水措施。

2）应分别对生活用水与工程用水进行计量管理。

3）生活用水节水器具配置比率达到50％以上。

4）处于基坑降水阶段的工地，采用地下水作为搅拌、养护、冲洗和部分生活用水。

5）万元产值用水量指标控制在10t以内。

（3）优选项

1）建立雨水、中水或可再利用水的收集利用系统。

2）有条件的工地，采用中水和其他可利用水资源搅拌、养护混凝土，施工中非传统水源和循环水的再利用量大于30％。

5. 节能与能源利用

（1）控制项

1）严禁使用国家、行业、地方政府明令淘汰的施工设备、机具和产品。

2）选择功率与负载相匹配的施工机械设备，避免大功率施工设备长时间低负载运行。

（2）一般项

1）万元产值耗电量指标控制在100kW·h以内。

2）做好机械设备维修保养工作，使其保持低耗、高效状态，并完善施工设备管理档案。

3）合理布置施工临时供电线路，优化线路路径，做到距离短、线损小。

4）施工临时设施布置与设计，应充分结合日照和风向等自然条件，采用自然采光和通风；南方地区可根据需要在其外墙窗口设置遮阳设施。

5）施工现场办公和生活的临时设施，在围护墙体、屋面、门窗等部位，使用保温隔热性能指标好的节能材料。

6）施工设备统筹部署，合理安排，做到机具资源共享和充分利用。

7）照明设计以满足最低照度为原则，不得超过最低照度的20％；走道、卫生间应采用声控、光控等节能照明灯具。

8）办公和生活用房合理配置采暖设施、空调、风扇数量，并控制使用时间。

（3）优选项

1）燃油机械设备使用节能型油料添加剂。

2）优先选用国家或行业推荐的节能、高效、环保的施工设备和机具；逐步采用节电型机械设备。

3）施工现场公共区域照明，采用节能照明灯具的比率大于80％。

6. 节地与施工用地保护

（1）控制项

1）根据施工规模及现场条件等因素合理确定临时设施，临时设施占地面积按用地指标所需的最低面积设计。平面布置合理、紧凑，在满足环境、职业健康与安全及文明施工要求的前提下，尽量减少临时设施占地面积。

2）施工现场搅拌站、仓库、加工厂、作业棚、材料堆场等布置应考虑最大限度地缩短运输距离，尽量靠近已有交通线路或即将修建的正式或临时交通线路。

（2）一般项

1）在禁止使用黏土实心砖的地区，不使用黏土实心砖，限制使用黏土空心砖；在不禁止使用黏土实心砖地区限制使用，以保护土地。

2）施工现场道路按照永久道路和临时道路相结合的原则布置。施工现场内尽量形成环形通路，减少道路占用土地。

3）红线外临时占地应尽量使用荒地、废地，少占用农田和耕地。工程完工后，及时恢复。

4）利用和保护施工用地范围内原有绿色植被，对施工周期较长的现场，可按建筑永久绿化的要求，安排场地新建绿化。

5）施工总平面布置做到科学合理，充分利用原有建筑物、构筑物、道路、管线为施工生产服务。

（3）优选项

1）分期施工的工程，临时设施布置应注意远近期结合，减少和避免重复建设占地。

2）对深基坑施工方案进行优化，减少土方开挖和回填量，最大限度地减少对土地的扰动，保护周边自然生态环境。

2.4.3 绿色施工的改进措施

建筑工业绿色施工不能仅仅停留在理论阶段，要想在实际生产中灵活运用，需要政府和各个相关企业解决我们现在遇到的问题，提出新的改进意见和解决对策，开启建筑工程绿色施工的良好局面，把绿色施工真真正正的落实到实际操作中，创造出真正的效益。

1. 加强绿色施工宣传和教育，强化绿色施工意识

现如今，我国环境的不良现状已经使我国的建筑业从业人员意识到了保护环境的重要性，但是保护环境的实际行动力却依然十分落后，对于推广绿色施工的号召也不能自发响应。究其原因，这主要是由于我国传统文化以及施工人员思维意识的桎梏作用，阻碍了建筑工程绿色施工的推广。因此，我们要在大力宣传以及对员工进行培训教育的基础上，努力提高施工人员对绿色施工的认知度，调动施工人员进行绿色施工的积极性，以此来提高绿色施工在建筑工程中的地位。

2. 建立健全法规标准体系，强力推进绿色施工

毫无疑问，进行绿色施工就意味着要付出更大的施工成本。因此很多施工企业为追求效益而忘记了环境保护，这也是制约绿色施工推进的主要原因。为此，我们必须要建立健全有关绿色施工的法律法规，将环境保护纳入工程的评价指标。通过政策上的指引，各施工单位将会齐心协力，打破成本上的制约，实现绿色施工的正常化。

3. 开展绿色施工技术和管理的创新研究和应用

若想在建筑工程中全面推广绿色施工，就必须大力发展有关绿色施工的科学技术，并对施工现场进行科学有效的全面管理。目前，与建筑工程有关的施工工艺以及技术、方法等均不同程度的忽略对环境的保护。同时，在对建筑工程进行管理时，也仅仅是关注建筑工程的工期、质量以及安全指标等，也完全忽略了工程的环境指标。因此，要推进绿色施工，就要从环境保护的角度，从绿色施工的视角出发，大力发展绿色施工工艺和绿色管理技术，加速淘汰那些落后的污染严重的施工工艺，有效推进建筑工程的绿色施工。

思考题：

    1. 绿色施工管理主要包括哪些内容？

    2. 实施管理主要包括哪些内容？整体目标控制中，动态控制的具体方法是什么？

    3. 绿色施工采购的优点有哪些？

    4. 如何营造绿色施工的氛围？如何增强绿色施工意识？

    5. 总承包管理模式对于有效实施绿色施工的作用有哪些？

第 3 章 绿色施工技术

本章学习要点：

了解环境保护技术的相关概念；掌握绿色施工中节能、节水、节材及节地的相关技术及应用；了解其他绿色施工技术及手段。

3.1 绿色施工技术概述

绿色施工技术是指在工程建设过程中，在保证质量、安全等基本要求的前提下，能够使施工过程实现"四节一环保"目标的具体施工技术，其中资源节约和利用技术包括四个方面即：节材与材料资源利用技术、节水与水资源利用技术、节能与能源利用技术、节地与土地资源保护技术；建筑工程施工过程环境保护技术包括噪声与振动、扬尘、光污染、有毒有害物质、污水以及固体废弃物控制技术等。

我国绿色施工技术学科主要发源于企业的绿色施工研究与实践，引进部分国外绿色施工技术，吸收生态科学、环境科学及可持续发展理论，经过有计划的研发活动和在工程实践中推广应用，在实践中不断丰富发展。近年来学术理论研究活跃，工程实践涌现系列成套新技术，绿色施工水平与国际工程的差距不断缩小，逐步形成以"工业化、智能化、集成化"为特征的绿色施工"四新"技术。这些系列技术的形成将为施工现场资源节约与环境保护、环境质量的提升起到有力的技术支撑作用，到 2020 年国内施工现场可望接近"净零"排放水平。

近年来，绿色施工技术已经逐步发展成为一种趋势和必然。从国家层面上来说：

《绿色与可持续发展技术政策》以可持续发展理论为指导，规定了"十二五"期间发展绿色建筑技术的任务和目标、技术政策和主要措施。根据全生命周期原理，该政策确定了绿色建筑技术发展的 8 个具体目标，其中涉及建筑施工技术单设一条，要求开展绿色施工技术的研究与工程应用，积极应用"四新"技术，逐步发展以工厂化生产、现场装配的建筑工业化体系，减少建筑施工对环境的影响，实现建筑施工垃圾的减量化。《建筑施工技术政策》则要求在保证工程质量安全的基础上，将绿色施工技术作为推进建筑施工技术进步的重点和突破口。该政策明确了建筑施工技术发展的目标、政策和措施。关于"十二五"期间建筑施工技术发展的具体目标有 8 个，其中推进 BT、BOT 总承包模式和"设计施工一体化"的总承包项目管理方式为首要目标，该目标的确定有利于为实施绿色建造改进现有项目管理模式；第四个目标建立和完善绿色施工技术标准体系，推进以节能减排为核心的绿色施工，实施绿色施工面达到 50%。明确了绿色施工技术进步的总要求；从第五个目标到第八个目标，包括住宅产业化、建筑工业化、信息化管理和信息化施工、预拌砂浆使用率、现场模板使用周转次数等则为绿色施工技术进步重要的支撑性目标。

国家"十二五"科技支撑计划"建筑工程传统施工技术绿色化及现场减排技术研究与

示范"提出了"十三五"绿色施工技术研究的战略线路：在"十二五"研究基础上，"十三五"期间将结合国内外绿色施工的难点和热点问题，实现"一个突破三个强化"，即突破绿色施工低碳技术难点和热点，强化绿色施工的定量化、程序化和标准化建设，力争形成国内先进并具有国际竞争力的绿色施工技术。国家"十二五"科技支撑计划"公共机构新建建筑绿色建设关键技术研究与示范"课题确定了实现绿色设计的绿色建造关键技术研究方向。

从企业层面来讲：施工企业通过不断创新，已推广应用诸多绿色施工技术。如中建八局2014年重点推广应用的绿色技术包括：

（1）高空喷雾降尘；（2）雨水收集系统；（3）临时电安装；（4）安装空气能装置；（5）发电回收；（6）变压器无功率补偿装置；（7）节能桥架；（8）大管道闭式冲洗技术；（9）小便斗节水；（10）绿化及自动喷灌；（11）遥控布料机；（12）高抛自密实混凝土浇筑；（13）屋面做法采用发泡混凝土找坡；（14）高层供水系统采用自动变频恒压供水系统；（15）太阳能路灯；（16）LED节能；（17）洗车槽循环水再利用；（18）节水型水龙头；（19）混凝土养护节水技术；（20）成品马镫施工；（21）钢筋数控加工；（22）木方接长；（23）可周转装配式预制混凝土块等。

在开展绿色施工过程中，中建八局遵循技术先行的方针，开展技术创新，涌现了预制路面、施工LED灯及新型临时照明系统、新型模架体系、模板保温一体化、无脚手架高空作业、钢筋机械化自动加工、建筑垃圾减量化与回收利用等一系列"四新技术"。这些绿色施工技术对推动企业安全文明、高效环保施工起到了重要作用。

本章具体介绍各项绿色施工技术及其在实践中的应用。主要包括：环境保护技术、节材与材料资源利用技术、节水与水资源利用技术、节能与能源利用技术、节地与土地资源保护技术等。

3.2 环境保护技术及其应用

可持续发展是21世纪无论发达国家还是发展中国家正确处理和协调经济、社会、人口、资源、环境相互关系的共同发展战略，是人类寻求持久生存与发展的唯一途径。环境保护作为可持续发展战略的一个重要组成部分，是衡量发展质量、水平和程度的客观标准之一。

环境通常指影响人类生存和发展的各种天然的和经过人工改造的自然因素的总和，包括大气、水、海洋、土地、矿产、森林、草原、野生生物、自然遗迹、人文遗迹、自然保护区、风景名胜区、城市和乡村等。环境保护是指人类为解决现实的或潜在的环境问题，协调人类与环境的关系，保障经济社会的持续发展而采取的各种行动的总称。其方法和手段有工程技术的、行政管理的，也有法律的、经济的、宣传教育的等。环境保护旨在保护和改善生态环境和生活环境，合理利用自然资源，防治污染和其他公害，使之适合人类的生存与发展。由于各个地区所面临的问题不同，所以环境保护具有明显的地区性。

环境保护的内容大体可分三方面：一是防治由生产和生活活动引起的环境污染，包括防治工业生产排放的"三废"（废水、废气、废渣）、粉尘、放射性物质以及产生的噪声、振动、恶臭和电磁微波辐射，交通运输活动产生的有害气体、废液、噪声，海上船舶运输排出的污染物，工农业生产和人民生活使用的有毒有害化学品，城镇生活排放的烟尘、污水和垃圾等造成的污染；二是防止由建设和开发活动引起的环境破坏，包括防止由大型水利工程、铁路、公路干线、大型港口码头、机场和大型工业项目等工程建设对环境造成的污染和破坏，农垦和围湖造田活动、海上油田、海岸带和沼泽地的开发、森林和矿产资源的开发对环境的破坏和影响，新工业区、新城镇的设置和建设等对环境的破坏、污染和影响；三是保护有特殊价值的自然环境，包括对珍稀物种及其生活环境、特殊的自然发展史遗迹、地质现象、地貌景观等提供有效的保护。改革开放以来，随着我国经济持续、快速的发展以及基本建设大规模开展，环境保护的任务也越来越重。特别是基本建设直接、间接造成了环境保护形势越来越严峻。一方面，工业污染物排放总量大；另一方面，城市生活污染和农村面临的污染问题也十分突出；而且，生态环境恶化的趋势愈演愈烈。

作为发展中国家，消除贫困、提高人民生活水平是我国现阶段的根本任务。但经济发展不能以牺牲环境为代价，不能走先污染后治理的路子。世界上很多发达国家在这方面均有极为深刻的教训。因此，正确处理好经济发展同环境保护的关系，走可持续发展之路，保持经济、社会和环境协调发展，是我国实现现代化建设的战略方针。我国政府已把环境保护作为一项基本国策和努力实施可持续发展战略的关键，并制定了一系列的环境保护法规和标准。

建筑业作为我国经济支柱产业之一，与环境保护息息相关。这就要求施工企业在工程建设过程中，注重绿色施工，势必树立良好的社会形象，进而形成潜在效益。为此，传统的建筑施工必须进行变革，使其更绿色环保。在环境保护方面，保证扬尘、噪声、振动、光污染、水污染、土壤保护、建筑垃圾、地下设施、文物和资源保护等控制措施到位，既有效改善了建筑施工脏、乱、差、闹的社会形象，又改善了企业自身形象。所以说，企业在绿色施工过程中不但具有经济效益，也会带来社会效益。

本节从环境保护的角度，分别就资源保护、人员健康、扬尘、废弃、噪声、光污染、水污染、土壤污染、垃圾等几个方面，探讨了施工过程中污染的控制与处理。

3.2.1 扬尘控制应用技术

（1）扬尘的危害及主要来源

扬尘是一种非常复杂的混合源灰尘，很难下确切的定义。扬尘污染是空气中最主要的污染物之一。在美国环境署发布的报告中指出：空气污染 92% 为扬尘，其来源：28% 为裸露面，23% 来自建筑工地。大量研究表明，扬尘对人们的健康和农业生产有着相当大的影响，如何科学合理地解决扬尘问题受到了广泛关注，各国都投入了相当大的人力、物力进行研究。在我国大多数地区扬尘已经成为首要的空气污染物，它包括 3 个组分：降尘（粒径 $>100\mu m$）、飘尘（粒径 $10\sim100\mu m$）、可吸入颗粒物（粒径 $<10\mu m$）。扬尘组分的化学分析表明，扬尘主要是土壤尘，即地壳中硅、钙、铝等元素为其主要组成。扬尘对人体的健康影响很大，医学研究发现，长期吸入高浓度 SiO_2 尘粒，硅肺病的发病率明显增加。扬尘中的 PM_{10}、$PM_{2.5}$ 颗粒较小，比表面积大，因受到各种污染，更易富积大量有害元素，如 Hg、Cr、Pb、Cu、As 等，且其易在大气中长期滞留，对空气质量影响和人体健康危害会更大。粒径较大的颗粒物大部分被阻挡在上呼吸道中，而颗粒物的 $50\%\sim80\%$、直径在 $10\mu m$ 以下的可吸入颗粒物则能穿过咽喉进入下呼吸道，尤其是粒径小于

2.5μm 的颗粒更能沉积于肺泡内。若长期生活在一定浓度的 Hg、Cr、Pb、As 及其他游离态硅灰的空气中，就易引起慢性中毒，产生纤维肺甚至恶性肿瘤。此外，在空气颗粒物中还存在有机化合物，约占 5% 左右，其中所含高分子化合物（如多环芳烃）还具有致癌作用。

另外，空气中的细小颗粒物不但可以降低城市大气能见度，还会造成光化学烟雾、酸雨、气候变暖等环境问题。粒径小于 2.5μm 的颗粒就是导致城市能见度下降的祸首，增加了交通隐患，随着城市机动车辆数量的剧增，这类扬尘也极易导致交通事故。

根据最新污染源解析的结果，建筑水泥尘对大气总悬浮颗粒物（TSP）的年分担率为 18%，采暖季为 12%，非采暖季为 23%。建筑水泥尘对 PM₁₀ 的年分担率为 13%，采暖季为 7%，非采暖季为 12%。另外，建筑水泥尘以扬尘形态进入城市扬尘的分担率为 17%。当今我国基础建设正处于高峰时期，建筑、拆迁、道路施工过程中物料的装卸、堆存、运输转移等产生的建筑扬尘还会不断增多，可见，建筑施工是目前产生扬尘的主要原因。

建筑施工中出现的扬尘主要来源于：渣土的挖掘与清运、回填土、裸露的料堆、拆迁施工中由上而下抛撒垃圾、堆存的建筑垃圾、渣土清运、现场搅拌混凝土等。扬尘还会来自于堆放的原材料（如水泥、白灰）在路面风干及底泥堆场修建工程和护岸工程施工产生。

施工中，建筑材料的装卸、运输、各种混合料拌合、土石方调运、路基填筑、路面稳定等施工过程会对周围环境造成短期内粉尘污染。运输车辆的增加和调运土石方的落土也会使公路交通条件恶化，对原有交通秩序产生较大的影响。施工时产生的粉尘会影响其生长，尤其对果木影响更大。燃油施工机械排放的尾气，如 CO₂、SO₂、NOₓ 等会增加该路段的大气污染负荷。另外，沥青加热、喷洒、胶结过程中产生的沥青烟也是建设过程中重要的大气污染源。沥青烟的主要成分有颗粒物（以碳为主）、烃类、氮氧化物等，主要对施工人员及附近居民区、村庄造成危害。

（2）建筑施工中扬尘的防治

1）扬尘污染的治理技术

① 挡风抑尘墙

挡风墙是一种有效的扬尘污染治理技术。其工作原理是：当风通过挡风抑尘墙时，墙后出现分离和附着并形成上、下干扰气流来降低来流风的风速，极大地降低风的动能，减少风的湍流度，消除风的涡流，降低料堆表面的剪切应力和压力，从而减少料堆起尘量。一般认为，在挡风板顶部出现空气流的分离现象，分离点和附着点之间的区域称为分离区，这段长度称为尾流区的特征长度或有效遮蔽距离。挡风抑尘墙的抑尘效果主要取决于挡风板尾流区的特征长度和风速。风通过挡风抑尘墙时，不能采取堵截的办法把风引向上方，应该让一部分气流经挡风抑尘墙进入庇护区，这样风的动能损失最大。试验结果显示，具有最适透风系数的挡风抑尘墙减尘效果最好。例如当无任何风障时，料堆起尘量为 100%，设挡风墙起尘量仍有 10%，而设挡风抑尘墙起尘量只有 0.5%。

目前挡风抑尘墙在国内的港口、码头、钢铁企业堆料场得到了应用。有关资料显示，经过挡风抑尘墙后风速减小约 60%，实际抑尘效率大于 75%。挡风抑尘墙在露天堆场使用，一般要考虑三个主要问题，即设网方式、设网高度和与堆垛的距离。

A. 设网方式。通常有两种设网方式，主导风向设网和堆场四周设网。采用何种方式主要取决于堆场大小、堆场形状、堆场地区的风频分布等因素。

B. 设网高度。与堆垛的高度、堆场大小和对环境质量要求等因素有关。对于一个具体工程来说，要根据堆场地形、堆垛放置方式、挡风抑尘墙及其设置方式，计算出网高与堆垛高度、网高与庇护范围的关系，结合堆场附近的环境质量要求等综合因素确定堆场挡风抑尘墙的高度。

C. 与堆场堆垛的距离。试验结果表明，如果在设网后的一定距离内有一个低风区，减速效果会增加，因此挡风抑尘墙应该距离堆场堆垛一最佳距离。对于由多个堆垛组成的堆场而言，可以视堆场周围情况，因地制宜地设置。一般可以沿堆场堆垛边上设置挡风抑尘墙。

② 绿化防尘

树木能减小粉尘污染的原因，一是由于其有降低风速的作用，随着风速的减慢，气流中携带的大粒粉尘的数量会随之下降。二是由于树叶表面的作用，树叶表面通常不平，有些具有茸毛且能分泌黏性油脂及汁液，因此，可吸附大量粉尘。此外树木枝干上的纹理缝隙也可吸纳粉尘。不同种类的植物滞尘能力有所不同。一般而言，叶片宽大、平展、硬挺、叶面粗糙、分泌物多的植物滞尘能力更强。植物吸滞粉尘的能力与叶量的多少成正比。

南京林业大学对南京水泥厂周围进行了实测，其结果表明，绿化区域较空旷地中的粉尘量减少37%～60%。孔国辉先生曾对部分树木的滞尘量进行了测定，具体数值见表3-1。

部分树木叶片滞尘量 表3-1

树　种	滞　尘　量	树　种	滞　尘　量
刺楸	14.53	夹竹桃	5.28
榆树	12.27	丝鸠木	4.77
朴树	9.37	紫薇	4.42
木槿	8.13	黑铃木	3.73
广玉兰	7.10	泡桐	3.53
重阳木	6.81	五角枫	3.4
女贞	6.63	乌桕	3.39
大叶黄杨	6.63	樱花	2.75
刺槐	6.37	蜡梅	2.42
樟树	5.89	加杨	2.06
臭椿	5.88	黄金树	2.05
构树	5.87	桂花	2.02
三角枫	5.52	栀子	1.47
桑树	5.39	绣球	0.63

控制道路施工场地的扬尘污染，还可采用先进的边坡绿化技术。

A. 湿式喷播技术。该技术是以水为载体的植被建植技术，将配置好的种子、肥料、覆盖料、土壤稳定剂等与水充分混合后，再用高压喷枪射到土壤表面，能有效地防止冲刷。而且在短时间内，种子萌发长成植株迅速覆盖地面，以达到稳固公路边坡和美化路容的目的，其优点在于适用范围广，不仅可在土质好的地带使用，而且也适用于土地贫瘠地带，对土地的平整度无严格要求，特别适合不平整土地的植被建植，能够有效地防止雨水冲刷，避免种子流失。

B. 客土喷播技术。该技术将含有植物生长所需营养的基质材料混合胶结材料喷附在岩基坡面上，在岩基坡面上创造出宜于植物生长的硬度的、牢固且透气、与自然表土相近的土板块，种植出可粗放管理的植物群落，最大限度地恢复自然生态。广泛适用于岩石面和风化岩石面；传统喷播植草与简单的三维网喷播技术很难达到预期效果，而客土喷播可以改善边坡土质条件，水、土、肥均可以保持，绿化效果非常好。其缺点是成本高，进度慢。

C. 抑尘剂抑尘。采用化学抑尘剂抑尘是一种目前较有效的防尘方法。该法具有抑尘效果好、抑尘周期长、设备投资少、综合效益高、对环境无污染的特点，是今后施工场地抑尘的发展方向。

粉尘的沉降速度随粉尘的粒径和密度的增加而增大，所以设法增加粉尘的粒径和密度是控制扬尘的有效途径。使用抑尘剂可以使扬尘小颗粒凝聚成大颗粒；增大扬尘颗粒的密度，加快扬尘颗粒的沉降速度，从而降低空气中的扬尘。抑尘机理通常是采用固结、润湿、凝并三种方式来实现。固结就是使需要抑尘的区域形成具有一定强度和硬度的表面以抵抗风力等外力因素的破坏。润湿是使需要抑尘的区域始终保持一定的湿度，这时扬尘颗粒密度必然增加，其沉降速度也会增大。凝并作用可使细小扬尘颗粒凝聚成大粒径颗粒，达到快速沉降的目的。

目前有的化学抑尘剂产品大致可分为湿润型、粘结型、吸湿保水型和多功能复合型，其中功能单一的居多。随着化工产品的迅速发展，各种表面活性剂、超强吸水剂等高分子材料广泛的应用，抑尘剂的抑尘效率将不断提高，新型抑尘剂也会层出不穷。近年国内外抑尘剂研究的一些成果如表 3-2 所示。

国内外主要抑尘剂　　　　　　　　　　　　　　　　　　　　　　　　表 3-2

国　　家	抑尘剂名称	主　要　成　分
俄罗斯	沥青乳化液抑尘剂	沥青＋己内酰胺厂烷基废水
日本	粘尘树脂	氯乙烯树脂
美国	物料覆盖剂	增黏剂＋粘结剂＋有机油
日本	高倍吸水树脂	丙烯酸枝节共聚物＋纤维素＋聚丙烯磷
美国	Coherex 粘尘剂	石油产品＋树脂＋水
俄罗斯	复合型抑尘剂	Po-1 型阴离子表面活性剂＋水玻璃＋甲基苯乙烯乳液
英国	Mine	表面活性剂(碳化琥珀酸、乙醚硫酸盐等)润湿溶液
美国	PAH	多环芳香族的碳氢化合物水溶液
英国	复合型抑尘剂	油＋湿润剂＋水＋添加物
美国	抑尘剂	硅烷偶联机溶液
美国	路面抑尘剂	沥青乳化液＋木质磺酸盐＋水

国　　家	抑尘剂名称	主 要 成 分
中国	高倍吸水树脂	丙烯酸铵与洋芋淀粉枝节
中国	树脂抑尘剂	淀粉枝节聚丙烯酸钠
中国	树脂抑尘剂	PVA＋丙烯酸酯＋聚乙烯酰酸树脂＋OP＋SPAN
中国	改良 MPC 抑尘剂	GPS-B
中国	CDR	$MgCl_2$＋$CaCl_2$＋凝并剂＋保湿剂
中国	BS-1 型抑尘剂	黏性有机物＋乳化剂
中国	高效粘尘剂	表面活性剂＋黑腐酸钠＋十二烷基苯磷酸钠＋甲基苯钠

经过多年努力，我国许多城市空气质量已有所改善，但颗粒物污染指数仍然非常严重。纽约等国际大都市目前环境空气中可吸入颗粒物年平均浓度在 $5\mu g/m^3$ 左右，中国上海这一指标在 $10\mu g/m^3$ 左右，而昆明市 2002 年平均浓度为 $59\mu g/m^3$。

2) 扬尘的治理措施及相关规定

根据《中华人民共和国大气污染防治法》及《绿色施工导则》的相关内容，针对扬尘污染的治理，一些省市已出台了地方法规，其主要内容包括：

① 确定合理的施工方案

在施工方案确定前，建设单位应会同设计、施工单位和有关部门对可能造成周围扬尘污染的施工现场进行检查，制定相应的技术措施，纳入施工组织设计。

② 控制过程中的粉尘污染

工程开挖施工中，表层土和砂卵石覆盖层可以用一般常用的挖掘机械直接挖装，对岩石层的开挖尽量采用凿裂法施工，或者采用凿裂法适当辅以钻爆法施工，降低产尘率；湿法作业。凿裂和钻孔施工尽量采用湿法作业，减少粉尘。

③ 建筑工地周围设置硬质遮挡围墙

要保证场界四周隔挡高度位置测得的大气总悬浮颗粒物每月平均浓度与城市背景值的差值不大于 $0.08mg/m^3$。因此，工地周边必须设置一定高度的围蔽设施，且保证围墙封闭严密，保持整洁完整。工程脚手架外侧采用合格的密目式安全立网进行全封闭，封闭高度要高出作业面，并定期对立网进行清洗，发现破损立即更换。为了防止施工中产生飞扬的尘土、废弃物及杂物飘散，应当在其周围设置不低于堆放物高度的封闭性围栏，或使用密目丝网覆盖；对粉末状材料应封闭存放。土方作业阶段，采取洒水、覆盖等措施，达到作业区目测扬尘高度小于 1.5m，不扩散到场区外。

另外，为保证在结构施工、安装装饰装修阶段，作业区目测扬尘高度小于 0.5m。场区内可能引起扬尘的材料及建筑垃圾搬运应有降尘措施，如覆盖、洒水等；浇筑混凝土前清理灰尘和垃圾时尽量使用吸尘器，避免使用吹风器等易产生扬尘的设备；机械剔凿作业时可用局部遮挡、掩盖、水淋等防护措施；高层或多层建筑清理垃圾应搭设封闭性临时专用道或采用容器吊运及外挂密目网。

④ 施工车辆控制

送土方、垃圾、设备及建筑材料等的施工车辆通常会污损场外道路。因此，必须采取措施封闭严密，保证车辆清洁。运输容易散落、飞扬、流漏的物料如散装建筑材料、建筑垃圾、渣土等的车辆，不应装载过满，且车厢应确保牢固、严密，以避免物料散落造成扬尘。运输液体材料的车辆应当严密遮盖且有围护措施，防止在装运过程中沿途抛、洒、滴、漏。施工运输车辆不准带泥驶出工地，施工现场出口应设置洗车槽，以便车辆驶出工地前进行轮胎冲洗。

⑤ 场地处理

施工场地也是扬尘产生的重要因素，需要对施工工地的道路和材料加工区按规定进行硬化，保证现场地面平整，坚实无浮土。对于长时间闲置的施工工地，施工单位应当对其裸露工地进行临时绿化或者铺装。对现场易飞扬物质采取有效措施，如洒水、地面硬化、围挡、密网覆盖、封闭等，最大限度地防止和减少扬尘产生。

⑥ 清拆建筑控制

清拆建筑物、构筑物时容易产生扬尘，需要在建筑物、构筑物拆除前，做好扬尘控制计划。例如，当清拆建筑物时，应当对清拆建筑物进行喷淋除尘并设置立体式遮挡尘土的防护设施。当进行爆破拆除时，可采用清理积尘、淋湿地面、预湿墙体、屋面敷水袋、楼面蓄水、建筑外设高压喷雾状水系统、搭设防尘排栅和直升机投水弹等综合降尘。另外，还要选择风力小的天气进行爆破作业。当气象预报风速达到 4 级以上时，应当停止房屋爆破或者拆除房屋。

清拆建筑时，还可以采用静性拆除技术降低噪声和粉尘，静性拆除通常采用液压设备、无振动拆除设备等无声拆除设备拆除既有建筑。

⑦ 其他措施

灰土和无机料拌合时，应采用预拌进场。碾压过程要洒水降尘。在场址选择时，对于临时的、零星的水泥搅拌场地应尽量远离居民住宅区。装卸渣土、沙等物料严禁凌空抛撒。严禁从高处直接向地面清扫废料或者粉尘。建筑工程完工后，施工单位应及时拆除工地围墙、安全防护设施和其他临时设施，并将工地及四周环境清理干净、整洁。对于市政道路、管线敷设工程施工工地，应对淤泥渣土采取围蔽、遮盖、洒水等防尘措施，当工程完工后，淤泥渣土和建筑材料须及时清理。

3.2.2 噪声、振动控制技术

（1）噪声的危害与治理现状

1）建筑施工噪声的特点及危害

建筑施工噪声是指在建筑施工过程中产生的干扰周围生活环境的声音，它是噪声污染的一项重要内容，对居民的生活和工作会产生重要的影响。

建筑施工噪声被视为一种无形的污染，它是一种感觉性公害，被称为城市环境"四害"之一。它具有以下特点：

① 普遍性。由于建筑工程的对象是城镇的各种场所及建筑物，城镇中，任何位置都可能成为施工现场。因此，任何地方的城镇居民都可能受到施工噪声的干扰。

② 突发性。由于建筑施工噪声是随着建筑作业活动的发生或某些施工设备的使用而出现的，因此对于城镇居民来说，是一种无准备的突发性干扰。

③ 暂时性。建筑施工噪声的干扰随着建筑作业活动的停止而停止，因此是暂时性的。

此外，施工噪声还具有强度高、分布广、波动大、控制难等特点。

在《城市区域环境噪声标准》里，国家对城市区域环境噪声标准作了详细的规定，如表 3-3 所示。

我国城市 5 类环境噪声标准值（等效声级 LA_{eq}：dB） 表 3-3

类　别	昼　间	夜　间	类　别	昼　间	夜　间
0	50	40	3	65	55
1	55	45	4	70	55
2	60	50			

注：表中，0 类标准适用于疗养区、高级别墅区、高级宾馆区等特别需要安静的区域；1 类标准适用于以居住、文教机关为主的区域，乡村居住环境可参照执行该类标准；2 类标准适用于居住、商业、工业混杂区；3 类标准适用于工业区；4 类标准适用于城市中的干线道路两侧区域，穿越城区的内河航道两侧区域。穿越城区的铁路主、次干线两侧区域的背景噪声（指不通过列车时的噪声水平）限值也执行该类标准。

2）噪声对人体的影响

噪声对人体的影响是多方面的。研究资料表明：噪声在 50dB（A）以上开始影响睡眠和休息，特别是老年人和患病者对噪声更敏感；60dB 的突然噪声会使大部分熟睡者惊醒；70dB（A）以上干扰交谈，妨碍听清信号，造成心烦意乱、注意力不集中，影响工作效率，甚至发生意外事故；长期接触 90dB（A）以上的噪声，会造成听力损失和职业性耳聋，甚至影响其他系统的正常生理功能；175dB 的噪声可以致人死亡。而实际检测显示：建筑施工现场的噪声一般在 90dB 以上，甚至最高达到 130dB。由于噪声易造成心理恐惧以及对报警信号的遮蔽，它又常是造成工伤死亡事故的重要配合因素。这不能不引起人们的高度重视，如何控制和防治建筑施工噪声也成了一个刻不容缓的话题。

3）施工噪声的主要成因

施工的不同阶段，使用各种不同的施工机械。根据不同的施工阶段，施工现场产生噪声的设备和活动包括：

① 土石方施工阶段：装载机、挖掘机、推土机、运输车辆等；

② 打桩阶段：打桩机、混凝土罐车等；

③ 结构施工阶段：电锯、混凝土罐车、地泵、汽车泵、振捣棒、支拆模板、搭拆钢管脚手模板修理、外用电梯等。

④ 装修及机电设备安装阶段：外用电梯、拆脚手架、石材切割、电锯等。

在《公路建设项目环境影响评价规范》所推荐的公路工程施工机械中，对环境影响较大的是推土机、压路机、装载机、挖掘机、混凝土搅拌机和自卸卡车、摊铺机等。这些机械产生的噪声会对操作人员和附近的人群产生心理（失眠等）和生理（血管收缩、听力受损等）上的影响，降低人们的工作效率。现在大多数正在作业的公路施工现场噪声一般在 90dB 以上，最高达到 130dB。公路施工中常用施工机械和设备正常运转时产生的噪声平均值见表 3-4。

施工机械和设备正常运转时的噪声值 表 3-4

序号	机械名称	运转平均噪声（dB）	测定方法	序号	机械名称	运转平均噪声（dB）	测定方法
1	打桩机	91～105	10～30m 声流测定	5	搅拌机	73～84	10～30m 声流测定
2	挖掘机	84		6	摊铺机	76～81	
3	推土机	78		7	压路机	75～80	
4	冲击或钻井机	81		8	平地机	74	

目前，城市建筑施工噪声的形成主要有以下几个原因：

① 施工设备陈旧落后

部分施工单位受经济因素制约，施工过程中使用简易、陈旧、质量低劣或技术落后的施工设备，导致施工时噪声严重超标。如一些单位使用的转盘电锯，噪声高达 90dB，某些打桩机，噪声高达 115dB。

② 施工设备的安置不合理

一些施工单位对电锯、混凝土搅拌机等噪声大的施工设备安置于不合理的位置，导致施工中产生的噪声影响周围居民的正常生活。

③ 缺少必要的降噪手段

一些施工单位将噪声极大的设备露天安置，不采取任何防噪、降噪措施，致使这些设备产生的噪声超出规范要求。

④ 夜间施工

一些施工单位为提高工程进度，进行夜间施工，严重影响附近居民的正常生活秩序。

4）治理现状

国家环保总局根据《中华人民共和国噪声污染防治法》并结合各地区的实际，对建筑施工噪声管理作了具体的规定，主要内容包括：

① 在城市市区范围内，在周围生活环境产生建设施工噪声的项目，应当符合国家规定的建筑施工场界环境噪声排放标准。不同施工阶段作业噪声限值如表 3-5 所示。

不同施工阶段作业噪声限值（等效声级 LA_{eq}：dB）　　　　　表 3-5

施工阶段	主要噪声源	噪声限制	
		昼间	夜间
土石方	推土机、挖掘机、装载机等	75	55
打桩	各种打桩机等	85	禁止施工
结构	混凝土、振捣棒、电锯等	70	55
装修	吊车、升降机等	62	55

注：1. 表中所列噪声值是指与敏感区域相应的建筑施工场地边界线处的限值。

　　2. 如有几个施工阶段同时进行，以高噪声阶段的限值为准。

② 施工前，在工程投标时，应将建筑施工噪声的管理措施列为施工组织设计内容，并科学规定工程期限。在城市市区范围内，建筑施工过程中，如果使用的机械设备可能产生噪声污染，施工单位必须在工程开工 15 日以前向工程所在地县级以上地方人民政府环境保护行政主管部门申报该工程的项目名称、施工场所和期限、可能产生的环境噪声值以及采取防治措施的情况。

③ 为了方便公众监督，施工时，施工单位应该在施工时将建筑施工工地环保牌悬挂在施工工地显著位置，并在环保牌上注明工地环保责任人及工地现场电话号码。若噪声排放超标，施工单位应采取积极有效措施，使噪声污染满足国家要求。否则，按国家规定缴纳超标排放费。

④ 严格控制夜间施工。有条件的情况下，禁止夜间在居民区、医疗区、科研文教区等噪声敏感物集中区域内进行产生环境噪声污染的建筑施工作业。否则，应限制噪声的强度。规范规定，确因施工工艺要求或特殊需要，必须夜间连续作业的施工工艺应在 5 个工

作日前提出申请，经市建设部门预审，所在地的区环保局批准后实施。经批准的夜间施工工地，应在夜间施工 3 个工作日前，公告工地周围的居民和单位。

⑤ 市区范围内，应要求所有建设工程应使用商品混凝土，且应使用混凝土灌注桩和静压桩等低噪声工艺。

此外，对违反噪声污染防治法规定的施工单位，由环保部门给予处罚，情节严重的，将在新闻媒体曝光，直至建议建设部门吊销建筑施工许可证。这些违反噪声污染的行为包括：拒报或者谎报噪声排放事项，不按国家规定缴纳超标排污费，拒绝环保部门现场检查或者被检查时弄虚作假，夜间进行明文禁止的产生环境噪声污染。

（2）建筑施工噪声与控制

《绿色施工导则》中明确规定：施工现场噪声排放不得超过国家标准《施工场界噪声限值》GB 12523—90 的规定。因此，要使噪声排放量达到规定要求的话，就在施工过程中执行噪声控制措施。

1）从声源上控制噪声

① 尽量选用低噪声设备和工艺代替高噪声设备与加工工艺。在施工过程中选用低噪声搅拌机、钢筋夹断机、振捣器、风机、电动空压机、电锯等设备。例如液压打桩机，在距离 15m 处实测噪声级仅为 50dB，低噪声搅拌机、钢筋夹断机与旧搅拌机和钢筋切割机相比，声源噪声值可降低 10dB，可使施工场界严重超标点位的噪声降低 3～6dB。同时还需要对落后的施工设备进行淘汰。施工中采用低噪声新技术效果明显，例如，在桩施工中改变垂直振打的施工工艺为螺旋、静压、喷注式打桩工艺。以焊接代替铆接，用螺栓代替铆钉等，使噪声在施工中加以控制。钢管切割机和电锯等小型设备通常用于脚手架搭设和模板支护，为了消减其噪声，一方面优化施工方案，改用定型组合模板和脚手架等，从而避免对钢管和模板的切割，同时也降低了施工成本。另一方面，可将其移至地下室等隔声处，避免对周边的干扰。同样在制作管道时，也采用相应的方式。

② 采取隔声与隔振措施，避免或减少施工噪声和振动。对施工设备采取降噪声措施，通常在声源附近安装消声器消声。消声器是防治空气动力性噪声的主要设备，它适用于气动机械，其消声效果为 10～50dB（A）。通常将消声器设置在通风机、鼓风机、压缩机、燃气轮机、内燃机等各类排气放空装置的进出风管的适当位置。常用的消声器有阻性消声器、抗性消声器、阻抗复合消声器、穿微孔板消声器等。为了合理起见，选用消声器种类与所需消声量、噪声源频率特征、消声器的声学性能及空气动力特征等因素有关。

2）在传播途径上控制噪声

① 吸声。吸声是利用吸声材料（如玻璃棉、矿渣面、毛毡、泡沫塑料、吸声砖、木丝板、干蔗板等）和吸声结构（如穿孔共振吸声结构、微穿孔板吸声结构、薄板共振吸声结构等）吸收周围的声音，通过降低室内噪声的反射来降低噪声。

② 隔声。隔声的原理是声衍射，在正对噪声传播的路径上，设立一道尺度相对声波波长足够大的隔声墙来隔声。常用的隔声结构有隔声棚、隔声间、隔声机罩、隔声屏等。从结构上分有单层隔声和双层隔声结构两种。由于隔声性能遵从"质量定律"，密实厚重的材料是良好的隔声材料，如砖、钢筋混凝土、钢板、厚木板、矿棉被等。由于隔声屏障具有效果好、应用较为灵活和比较廉价的优点，目前已被广泛应用于建筑施工噪声的控制上。例如在打桩机、搅拌机、电锯、振捣棒等强噪声设备周围设临时隔声屏障（木板），

可降噪约 15dB（A）。

③ 隔振。隔振，就是防止振动能量从振源传递出去。隔振装置主要包括金属弹簧、隔振器、隔振垫（如剪切橡皮、气垫）等。常用的材料还有软木、矿渣棉、玻璃纤维等。

④ 阻尼。阻尼就是用内摩擦损耗大的一些材料来消耗金属板的振动能量并变成热能散失掉，从而抑制振动，致使辐射噪声大幅度地消减。常用的阻尼材料有沥青、软橡胶和其他高分子涂料等。

3）合理安排与布置施工

① 合理安排施工时间，除特殊建筑项目经环保部门批准外，一般项目，当对周围环境有较大影响时，应该采取夜间不施工。对于设备自身消除噪声比较困难，例如土方中的大型设备如挖掘机、推土机等，在施工中应采用合理安排作业时间的方法，而且在工作区域周边通过搭设隔声防振结构等方法消减对周边的影响。

② 合理布置施工场地。根据声波衰减的原理，可将高噪声设备尽量远离噪声敏感区。如某施工工地，两面是居民住宅，一面是商场，一面是交通干线，可将高噪声设备设置在交通干线一侧，其余的可靠近商场一侧，尽可能远离两面的居民点。这样高噪声设备声波经过一定距离的衰减，在施工场界噪声测量时测量两个居民点和一个商场敏感点，降低施工场界噪声 6dB 以上。又例如，施工边界四周都是敏感点，但与施工场界的距离有远有近，可将高噪声设备设置在离敏感点较远的一侧，同时尽可能将设备靠近工地有利于降低施工场界噪声，这样既可避免设备离敏感点过近，又保证声波在开阔地扩散衰减。

4）使用成型建筑材料

大多数施工单位都是在施工现场切割钢筋加工钢筋骨架，一些施工场界较小，施工期较长的大型建筑，应选在其他地方将钢筋加工好运到工地使用。还有一些施工单位在施工场界内做水泥横梁和槽形板，造成施工场界噪声严重超标，若选用加工成型的建筑材料或异地加工成型后再运至工地，这样可大大降低施工场界噪声。

5）严格控制人为噪声

进入施工现场不得高声叫喊，不得无故摔打模板、乱吹哨，限制高音喇叭的使用，最大限度地减少噪声扰民。模板、脚手架钢管的拆、立、装、卸要做到轻拿轻放，上下、前后有人传递，严禁抛掷。另外，所有施工机械、车辆必须定期保养维修，并在闲置时关机以免发出噪声。

6）施工场界对噪声进行实时监测与控制

监测方法执行国家标准《建筑施工场界噪声测量方法》GB 12524—90。

3.2.3 光污染控制技术

（1）城市光污染的来源

光污染是新近意识到的一种环境污染，这种污染通过过量的或不适当的光辐射对人类生活和生产环境造成不良影响。它一般包括白亮污染、人工白昼污染和彩光污染。有时人们按光的波长分为红外光污染、紫外光污染、激光污染及可见光污染等。

"光污染"已成为一种新的城市环境污染源，正严重威胁着人类的健康。城市建设中光污染的主要来源于建筑物表面釉面砖、磨光大理石、涂料，特别是玻璃幕墙等装饰材料形成的反光；随着夜景照明的迅速发展，特别是大功率高强度气体放电（HID）光源的广泛采用，使夜景照明亮度过高，形成了"人工白昼"；施工过程中，夜间施工的照明灯光及施工中电弧焊、闪光对接焊工作时发出的弧光等也是光污染的重要来源。

（2）光污染的危害

光污染虽未被列入环境防治范畴，但人们对它的危害认识越来越清晰，这种危害也在日益加重和蔓延。在城市中玻璃幕墙不分场合地滥用，对人员、环境及天文观察造成一定的危害，成为建筑光学急需研究解决的问题。此外，随着我国基础建设的增加，为了赶进度，夜间施工越来越多，也造成一定程度的光污染。光污染的危害主要表现在：

首先，光的辐射及反射污染严重影响交通。街上和交通路口一幢幢大厦幕墙，就像一面面巨大的镜子在阳光下对车辆和红绿灯进行反射，光进入快速行驶的车内造成人突发性暂时失明和视力错觉，瞬间遮挡司机视野，令人感到头晕目眩，危害行人和司机的视觉功能而造成交通事故。建在居住小区的玻璃幕墙给周围居民生活也带来不少麻烦，通常幕墙玻璃的反射光比太阳光更强烈，刺目的强烈光线破坏了室内环境，使室温增高，影响到正常的生活。在长时间白色光亮污染环境下生活和工作，容易使人产生头昏目眩、失眠、心悸、食欲下降、心绪低落、神经衰弱及视力下降等病症，造成人的正常生理及心理发生变化，长期照射会诱使某些疾病加重。玻璃幕墙光洁的材质容易被污染，尤其是大气含尘量多、空气污染严重、干燥少雨的北方广大地区玻璃蒙尘纳垢后会有碍市容。此外，由于一些玻璃幕墙材质低劣、施工质量差、色泽不均匀、波纹各异，光反射形成杂乱漫射，这样的建筑物外形只能使人感到光怪离奇，形成更严重的视觉污染。

其次，土木工程中钢筋焊接工作量较大，焊接过程中产生的强光会对人造成极大的伤害。电焊弧光主要包括红外线、可见光和紫外线，这些都属于热线谱。焊接电弧温度在3000℃时，其辐射波长小于290mμm；温度在3200℃时，其辐射波长小于230mμm。当这些光辐射作用在人体上时，机体组织便会吸收，引起机体组织热作用光化学作用或电离作用，导致人体组织内发生急性或慢性的损伤。红外线对人体的危害主要是引起组织的热作用。在焊接过程中，如果眼部受到强烈的红外线辐射，会立即感到强烈的灼伤和灼痛，发生闪光幻觉。长期接触可能造成红外线白内障、视力减退，严重时可导致失明。电焊弧光的可见光线的强度大约是肉眼正常承受的光度的一万倍，当可见光线辐射人的眼睛时，会产生疼痛感，看不清东西，在短时间内失去劳动能力。电焊弧光中的紫外线对人体的危害主要是光化学作用，对人体皮肤和眼睛造成损害。皮肤受到强烈的紫外线辐射后，可引起皮炎、弥漫性红斑，有时出现小水泡、渗出液，有烧灼感，发痒症状。如果这种作用强烈时伴有全身症状：头痛、头晕、易疲劳、神经兴奋、发烧、失眠等。另外，由于我国基础建设迅速开展，为了赶工期，夜间施工非常频繁。施工机具的灯光及照明设施在晚上会造成强烈的光污染。据美国一份最新的调查研究显示，夜晚的华灯造成的光污染已使世界上1/5的人对银河系视而不见。这份调查报告的作者之一埃尔维奇说："许多人已经失去了夜空，而正是我们的灯火使夜空失色"。他认为，现在世界上约有2/3的人生活在光污染里。在远离城市的郊外夜空，可以看到两千多颗星星，而在大城市却只能看到几十颗。可见，视觉环境已经严重威胁到人类的健康生活和工作效率，每年给人们造成大量损失。为此，关注视觉污染，改善视觉环境，已经刻不容缓。

（3）光污染的预防与治理

城市的"光污染"问题在欧美和日本等发达国家早已引起人们的关注，在多年前就开始着手治理光污染。在我国，对光污染的关注还远远不够。随着"光污染"的加剧，我国在现阶段应该大力普及"光污染"的危害，引起政府、企业和人民群众的重视，在实际工作中减少或避免"光污染"。

1) 防治光污染，是一项社会系统工程。由于我国长期缺少相应的污染标准与立法，因而不能形成较完整的环境质量要求与防范措施。需要有关部门制订必要的法律和规定，采取相应的防护措施。而且应组织技术力量对有代表性的"光污染"进行调查和测量，摸清"光污染"的状况，并通过制定具体的技术标准来判断是否造成光污染。在施工图审查时就需要考虑"光污染"的问题。总结出防治光污染的措施、办法、经验和教训，尽快地制定我国防治"光污染"的标准和规范是当前的一项迫切任务。

2) 尽量避免或减少施工过程中的光污染。在施工中，灯具的选择应以日光型为主，尽量减少射灯及石英灯的使用。夜间室外照明灯加设灯罩，透光方向集中在施工范围。

3) 在施工组织计划时，应将钢筋加工场地设置在距居民和工地生活区较远的地方。若没有条件，应设置采取遮挡措施，如遮光围墙等，以消除和减少电焊作业时弧光外泄及电器焊等发出的亮光，还可选择在尽量在自然光下工作等施工措施来解决这些问题。

3.2.4 水污染控制技术

水污染，是指水体因杂质的介入，造成特性的改变、质量恶化的现象，从而影响水的有效利用。施工现场产生的污水主要包括雨水、污水（分为生活和施工污水）两类。在施工过程中会产生大量污水，如果没有经过适当处理就排放，会严重污染河流、湖泊、地下水等水体，直接、间接地危害这些水体生物，最终危害人类环境及健康。

（1）建筑基础施工对地下水资源的影响

1) 我国地下水现状

地表下土层或岩层中的水称为地下水，地下水通常以液态水形态存在。当温度低于0℃时，液态水转化为固态水。地下水按照其埋藏条件可分为上层滞水、潜水和承压水；按照含水介质类型可分为孔隙水、裂隙水、岩溶水。全球淡水资源仅占水资源总量的3%，77.2%的淡水资源存在于冰川，22.4%为地下水和土壤水，地表水占0.5%。因此，全球能够供人类使用的淡水资源十分有限。地下水是人类可以利用的分布最广泛的淡水资源，已经成为城市特别是干旱、半干旱地区的主要供水水源。

但是，近几年地下水环境的污染越来越严重。仅在2004年，全国平原区浅层地下水中约有24.28%的面积受到不同程度的人为污染，面积约达50万 km^2，其中轻污染区（Ⅳ类）占11.95%，重污染区（Ⅴ类）占12.33%。其中太湖流域、淮河、辽河、海河污染最为严重，其污染面积合计占全国污染面积的45%，分别占其平原区浅层地下水评价面积的90.14%、52.11%、46.1%和43.75%。

2) 建筑施工对地下水资源的影响

造成地下水资源污染的原因很多。其中，建筑施工对地下水的影响绝对是不容忽视的。

首先，施工期的水质污染主要来自于雨水冲刷和扬尘进入河水，从而增加了水中悬浮物浓度，污染地表水质。施工期间路面水污染物产生量与降水强度、次数、历时等有关。因建筑材料裸露，降雨时地表径流带走的污染物数量比营运期多，主要污染物是悬浮物、油类和耗氧类物质。土木工程在施工过程中，会挖出大量的淤泥和钻渣，如果直接排入水体或堆弃在田地上，会使水体混浊度增加，同时占压田地。施工期间对水体的油污染主要来自机械、设备的操作失误导致用油的溢出、储存油的泵出、盛装容器残油的倒出、修理过程中废油及洗涤油污水的倒出、机械运转润滑油的倒出等。这些物质若直接排入水体后便形成了水环境中的油污染。施工区内有毒的物质、材料，如沥青、油料、化学品等如保管不善被雨水冲刷进入水体，便会造成较大污染。路面铺设阶段，各种含沥青的废水和路面地表径流进入水体，对地表水存在一定影响。再加上施工区人员集中，会产生较多的生活污水，如果这些生活污水未经处理直接排入附近水体，或渗入地下，将对水源的使用功能产生较大影响。

其次，城市的地下工程的发展及城市的基础工程施工也会对地下水资源产生不利影响。如果在工程施工中不注重对地下水资源的保护和监测，地下水资源将会遭受严重的流失和污染，对经济的发展和生活环境造成巨大的负面影响。譬如对于大型工程来说，随着基础埋置深度越来越深，基坑开挖深度的增加不可避免地会遇到地下水。由于地下水的毛细作用、渗透作用和侵蚀作用均会对工程质量有一定影响，所以必须在施工中采取措施解决这些问题。通常的解决办法有两种，即降水和隔水。降水对地下水的影响通常要强于隔水对地下水的影响。降水是强行降低地下水位至施工底面以下，使得施工在地下水位以上进行，以消除地下水对工程的负面影响。该种施工方法不仅造成地下水大量流失，改变地下水的径流路径，还由于局部地下水位降低，邻近地下水向降水部位流动，地面受污染的地表水会加速向地下渗透，对地下水造成更大的污染。更为严重的是由于降水局部形成漏斗状，改变了周围土体的应力状态，可能会使降水影响区域内的建筑物，产生不均匀沉降，使周围建筑或地下管线受到影响甚至破坏，威胁人们的生命安全。此外，由于地下水的动力场和化学场发生变化，会引起地下水中某些物理化学组分及微生物含量发生变化，导致地下水内部失去平衡，从而使污染加剧。另外，施工中为改善土体的强度和抗渗能力所采取的化学注浆，施工产生的废水、洗刷水、废浆以及机械漏油等，都可能影响地下水质。

（2）施工现场的污水处理办法

在现阶段，我国相关建设部门针对施工现场的污水也已采取了一定的处理办法，如下：

1）污水排放单位应委托有资质的单位进行废水水质检测，提供相应的污水检测报告。

2）保护地下水环境。采用隔水性能好的边坡支护技术。在缺水地区或地下水位持续下降的地区，基坑降水尽可能少地抽取地下水；当基坑开挖抽水量大于 50 万 m^3 时，应进行地下水回灌，并避免地下水被污染。

3）工地厕所的污水应配置三级无害化化粪池，不接市政管网的污水处理设施；或使用移动厕所，由相关公司处理。

4）工地厨房的污水有大量的动植物油，动植物油必须先除去才可排放，否则将使水体中的生化需氧量增加，从而使水体发生富营养化作用，这对水生物将产生极大的负面影响，而动植物油凝固并混合其他固体污物更会对公共排水系造成阻塞及破坏。一般工地厨房污水应使用三级隔油池隔除油脂。常见的隔油池有两个隔间并设多块隔板，当污水注入隔油池时，水流速度减慢，使污水里较轻的固体及液体油脂和其他较轻废物浮在污水上层并被阻隔停留在隔油池里，而污水则由隔板底部排出。西方发达国家已经采用微生物污水处理技术处理污水，降低污水的化学需氧量、生化需氧量，在我国尚处于起步阶段。

5）凡在现场进行搅拌作业的，必须在搅拌机前台设置沉淀池，污水流经沉淀池沉淀后，可进行二次使用。对于不能二次使用的施工污水，经沉淀池沉淀后方可排入市政污水管道。建筑工程污水包括地下水、钻探水等，含有大量的泥沙和悬浮物。一般可采用三级沉降池进行自然沉降，污水自然排放，大量淤泥需要人工清除可以取得一定的效果。在发达国家通常采用沉淀剂和酸碱中和配合处理工地的污水。

6）对于化学品等有毒材料、油料的储存地，应有严格的隔水层设计，同时做好渗漏液收集和处理。对于机修含油废水一律不直接排入水体，集中后通过油水分离器处理，出水中的矿物油浓度需要达到 5mg/L 以下，对处理后的废水进行综合利用。

（3）水污染的控制指标及防治措施

1）水污染的控制指标

① 临时驻地污水处理率。临时驻地离城区通常较远，污水主要为生活污水，无法排入城市污水处理系统。环境监理应控制施工单位在临时驻地的污水处理率，应要求施工单位在临时营地设置简单的污水处理设施，通常为化粪池，处理达标后排放，以保护沿线的水资源。临时驻地污水处理率＝污水处理设施日处理量/临时营地日产污水量×100%。

② 施工废水处理率。施工废水主要为拌合站、预制场冲洗砂石物料废水和隧道施工废水等，其固体悬浮物较高，并经过碱性材料污染，酸碱度较高。因此，施工废水要经过必要的处理达标后方可排放。环境监理要严格控制施工废水处理率，作为水环境保护措施的重要考核指标。施工废水处理率＝施工废水达标排放量/施工废水产生量×100%。

③ 单项水质参数。主要是对水环境质量进行评价控制，环境监理根据其抽测结果和环境监测站的定点监测结果，依据相应的标准，进行评价。水质参数的标准型指数单元大于"1"，表明该水质参数超过了规定的水质标准。

$$I_i = C_i / S_i$$

式中　C_i——某一质量参数的监测统计浓度；

S_i——某一质量参数的评价标准。

其监测采样点应按第一、二类污染物排放口的规定设置，在排放口必须设置排放口标志、污水水量计量装置和污水比例采样装置。污水按生产周期确定监测频率。生产周期在 8h 以内的，每 2h 采样一次；生产周期大于 8h 的，每 4h 采样一次；其他污水采样：24h 不少于 2 次，最高允许排放浓度按日均值计算。

2）防治措施

以《绿色施工导则》为中心，以《水污染防治法》为依据，针对施工中水污染的现状特提出以下几项具体防治措施：

① 施工现场污水排放应达到国家标准《污水综合排放标准》GB 8978—1996 的要求。

② 施工期间做好地下水监测工作，监控地下水变化趋势。在施工现场应针对不同的污水，设置相应的处理设施，如沉淀池、隔油池、化粪池等，并与市政管网连接。且不能二次使用的施工污水，经沉淀池沉淀后方可排入市政污水管道。

③ 污水排放应委托有资质的单位进行废水水质检测，提供相应的污水检测报告。

④ 保护地下水环境。采用隔水性能好的边坡支护技术。在缺水地区或地下水位持续

下降的地区，基坑降水尽可能少地抽取地下水；当基坑开挖抽水量大于 50 万 m³ 时，应进行地下水回灌，同时避免地下水被污染。

⑤ 对于化学品等有毒材料、油料的储存地，应有严格的隔水层设计，并做好渗漏液收集和处理。

⑥ 施工前做好水文地质、工程地质勘察工作，并进行必要的抽水实验或计算，以正确估计可能的涌水量，漏斗降深及影响范围。

⑦ 施工过程中，观测周围地表沉降，以免引起不均匀沉降，影响周围建筑物、构筑物以及地下管线的正常使用和危害人民生命财产安全。

⑧ 施工现场产生的污水不能随意排放，不能任其流出施工区域污染环境。

3.2.5　土壤保护措施

（1）土地资源的现状

土壤作为地理环境的组成要素，是指位于地球陆地表面，包括浅层水地区的具有肥力、能生长植物的疏松层，由矿物质、有机质、水分和空气等物质组成，是一个非常复杂的系统。

从资源经济学角度来看，土地资源都是人类发展过程中必不可少的资源，而我国土地资源的现状是：

1）人口膨胀致使城市化的进程进一步加快，也在一步步地侵蚀和毁灭土壤的肥力；

2）过度过滥使用农药化肥，使土壤质量急剧下降；

3）污水灌溉、污泥肥田、固体废物和危险废物的土壤填埋、土壤的盐碱化、土地沙漠化对土壤的污染和破坏显见又难以根治。西部地区（特别是西北地区）土壤退化与土壤污染状况非常严重，仅西北五省及内蒙古自治区的荒漠化土地面积就超过 212.8 万 km²，已占全国荒漠化面积的 81%，其中重度荒漠化土地就有 102 万 km²。目前我国受污染的耕地近 2000 万公顷，约占耕地面积的 1/5。因此，土壤的完全退化与破坏是生态难民形成的重要原因。

基于上述因素，对于土壤的保护应该说是非常迫切的。然而，发达国家从 20 世纪五六十年代就开始有了有关农业的立法及相关土壤保护的法规；现在有一些国家也制定了土壤环境保护的专项法，如日本、瑞典。而我国现行法律对土壤的保护注重的仅仅只是其经济利益的可持续性，对作为环境要素的土壤保护是远远不够的。

（2）土壤保护的措施

当然，制约土壤保护的关键因素是我国的人口膨胀，而且不可能在短期内减少人口压力，故针对目前我国土地资源的现状，为及时防止土壤环境的恶化，我国一些地区积极响应《绿色施工导则》的节地计划，并明确规定："在节地方面，建设工程施工总平面规划布置应优化土地利用，减少土地资源的占用。施工现场的临时设施建设禁止使用黏土砖。土方开挖施工应采取先进的技术措施，减少土方开挖量，最大限度地减少对土地的扰动，保护周边的自然生态环境"。

另外，在节地与施工用地保护中，《绿色施工导则》在临时用地指标、施工总平面布置规划及临时用地节地等方面还明确制定了如下措施：

1）保护地表环境，防止土壤侵蚀、流失。因施工造成的裸土，及时覆盖砂石或种植速生草种，以减少土壤侵蚀；因施工造成容易发生地表径流土壤流失的情况，应采取设置地表排水系统、稳定斜坡、植被覆盖等措施，减少土壤流失。

2）沉淀池、隔油池、化粪池等不发生堵塞、渗漏、溢出等现象。及时清掏各类池内沉淀物，并委托有资质的单位清运。

3）对于有毒有害废弃物，如电池、墨盒、油漆、涂料等应回收后交有资质的单位处理，不能作为建筑垃圾外运，避免污染土壤和地下水。

4）施工后应恢复被施工活动破坏的植被（一般指临时占地内），并与当地园林、环保部门或当地植物研究机构进行合作，在先前开发地区种植当地或其他合适的植物，以恢复剩余或科学绿化空地地貌，补救施工活动中人为破坏植被和对地貌造成的土壤侵蚀。

5）在城市施工时如有泥土场地易污染现场外道路时可设立冲水区，用冲水机冲洗轮胎，防止污染施工外部环境。修理机械时产生的液压油、机油、清洗油料等废油不得随地泼倒，应收集到废油桶中，统一处理。禁止将有毒、有害的废弃物用作土方回填。

6）限制或禁止黏土砖的使用，降低路基，充分利用粉煤灰。毁田烧砖是利益的驱动，也是市场有需求的后果。节约土地要从源头上做起，即推进墙体材料改革，建筑业以新型节能的墙体材料代替实心黏土砖，让新型墙体材料占领市场，实心黏土砖便会失去市场，毁田烧砖便可以被有效遏制。另外，在农村需要采取强制措施关闭砖窑，对少量确因需要暂留的砖窑，则严格限制在荒地、山地取土，规定产量上限，防止毁田烧砖。

7）节约公路用地。修建公路取土毁田会对农田造成极大的毁坏。有必要采用新技术来降低公路建设对土地资源的耗费。我国火力发电仍占很大比例，加上供暖，产生的工业剩余粉煤灰总量极大，这些粉煤灰还需要占地堆放。如果将这些粉煤灰用于公路建设将是一条便于操作、立竿见影的节约和集约化利用土地的好路子。

3.2.6 建筑垃圾控制措施

工程施工过程中每日均生产大量废物，例如泥沙、旧木板、钢筋废料和废弃包装物料等，基本用于回填。大量未处理的垃圾露天堆放或简易填埋，便会占用大量宝贵土地并污染环境。

根据对砖混结构、全现浇结构框架结构等建筑的施工材料损耗进行粗略统计，在每万平方米的建筑施工过程中，仅建筑废渣就会产生 500～600t。而如此巨量的建筑施工垃圾，绝大部分未经任何处理，便被建筑施工单位运往郊外或乡村，采用露天堆放或填埋的方式进行处理。这种处理方法不仅耗用了大量的耕地及垃圾清运等建设经费，而且给环境治理造成了非常严重的后果。不能适应建筑垃圾的迅猛增长，且不符合可持续发展战略。因而，自 20 世纪 90 年代以后，世界上许多国家，特别是发达国家已把城市建筑垃圾减量化和资源化处理作为环境保护和可持续发展战略目标之一。对于我国，现有建筑总面积400 多亿 m²，以每万平方米建筑施工过程中产生建筑废渣 500～600t 的标准进行粗略推算，我国现有建筑面积至少产生了 20 亿 t 建筑废渣。这些建筑垃圾绝大部分采用填埋方式处理掉了，这一方式不仅要耗资大量征用土地，造成了严重的环境污染，对资源也造成了严重的浪费。有关人士预计，到 2020 年，我国还将新增建筑面积约 300 亿 m²。如何处理和排放建筑垃圾，已经成为建筑施工企业和环境保护部门面临的一道难题。

对于填埋建筑垃圾的主要危害在于：首先是占用大量土地。仅以北京为例，据相关资料显示，奥运工程建设前对原有建筑的拆除，以及新工地的建设，北京每年都要设置二三十个建筑垃圾消纳场，占用了不少的土地资源。其次是造成严重的环境污染。建筑垃圾中的建筑用胶、涂料、油漆不仅是难以生物降解的高分子聚合物材料，还含有有害的重金属元素。这些废弃物被埋在地下，会造成地下的水被污染，并可危害到周边居民的生活。再次是破坏土壤结构，造成地表沉降。现今的填埋方法是：垃圾填埋 8m 后加埋 2m 土层，这样的土层之上基本难以生长植被。在填埋区域，地表则会产生较大的沉降，这种沉降要经过相当长的时间才能达到稳定状态。施工垃圾对工程成本的影响如表 3-6 所示。

建筑施工垃圾对成本的影响 表 3-6

	建筑面积(m²)	工程造价 （万元）	垃圾数量 （m²）	垃圾原有价值 （万元）	运费(万元)	占工程造价的 百分比(%)
工程 1	8100	640	1200	6	2.4	1.3
工程 2	10800	1300	1100	5.5	2.2	0.6
工程 3	11700	1265	1470	7.35	2.94	0.82
工程 4	26700	2300	3150	15.78	6.3	0.96
工程 5	11000	1290	825	4.13	1.65	0.45

从表 3-6 可以发现，建筑施工垃圾的费用在整个工程中所占的比重是不可轻视的，同时也可以反映施工单位的管理情况。从施工经济效益来看，施工过程中尽量减少施工垃圾的数量可以取得良好的施工经济效益。

（1）建筑施工垃圾产生的主要原因和组成

目前，我国建筑垃圾的数量已占到城市垃圾总量的 30%～40%。每 1 万 m² 建筑，产生建筑垃圾 600t，每拆 1 m² 混凝土建筑，就会产生近 1t 的建筑垃圾。建筑垃圾多为固体废弃物，主要来自于建筑活动中的三个环节：建筑物的施工过程（生产）、建筑物的使用和维修过程（使用）以及建筑物的拆除过程（报废）。建筑施工过程中产生的建筑垃圾主要有碎砖、混凝土、砂浆、包装材料等，使用过程中产生的主要有装修类材料、塑料、沥青、橡胶等，建筑拆卸废料，如废混凝土、废砖、废瓦、废钢筋、木材、碎玻璃、塑料制品等。

1）碎砖

产生碎砖的主要原因有：①运输过程、装卸过程的损耗；②设计和采购的砌体强度过低；③不合理的组砌方法和操作方法产生了过多的次砖；④加气混凝土块的施工过程中未使用专用的切割工具，随意用瓦刀或锤子等工具进行切块；⑤施工单位造成的倒塌。

2）砂浆

砂浆产生建筑垃圾的主要原因有：①砌筑砌体时，由于铺灰过厚，导致多余砂浆被挤出；②砌体砌筑时产生的舌头灰未进行回收；③运输过程中，使用的运输工具产生了漏浆现象；④在水平运输时，由于运输车装浆过多；⑤在垂直运输时，由于运输车辆停放不妥造成翻倒；⑥搅拌和运输工具未及时清理；⑦落地灰未及时清理利用；⑧抹灰质量不合格，重新施工。

3）混凝土

产生混凝土垃圾的主要原因有：①由于模板支设不合理，造成胀模面后修整过程中产生混凝土垃圾；②浇筑时造成的溢出和散落；③由于模板支设不严密，而造成漏浆现象；④拌制多余的混凝土；⑤大多数工程采用混凝土灌注桩，根据规范和设计要求，桩一般打至设计基底标高上500mm，以便土方开挖后将上部浮浆截去。由于桩基施工单位的技术水平和工人的操作水平所制约，往往出现超打混凝土500～1500mm，造成截下的桩头成为混凝土施工垃圾。

4）木材

建筑中使用的木材主要为方木和多层胶合木（竹）板，通常用于建筑工程的模板体系。由于每个建筑物的设计风格和使用用途不同，所制作的多层胶合木（竹）板均在一个工程中一次性摊销，只有部分方木可以回收利用。其产生垃圾的主要原因有：①使用过程中根据实际尺寸截去多余的方木；②刨花、锯末；③拆模中损坏的模板；④周转次数太多而不能继续使用的模板；⑤配制模板时产生的边角废料。

5）钢材

建筑工程中所使用的钢材主要用于基础、柱、梁、板等构件，钢材垃圾产生的主要原因有：①钢筋下料过程中所剩余的钢筋头；②钢材的包装袋；③不合理的下料造成的浪费部分；④多余的采购部分。

6）装饰材料

装饰材料主要用于建筑工程的内外装饰部分。装饰材料造成垃圾的主要原因有：①订货规格不合理造成多余切割量；②运输、装卸不当而造成的破损；③设计装饰方案改变造成的材料改变；④施工质量不合格造成返工。

7）包装材料

由于包装产生垃圾的主要原因有：①防水卷材的包装纸；②块体装饰材料的外包装；③设备的外包装箱；④门窗的外保护材料。

不同结构类型的建筑所产生的垃圾各种成分的含量虽有所不同，但其基本组成是一致的，见表3-7和表3-8。

建筑施工垃圾的数量和组成 表3-7

垃圾组成	施工垃圾组成比例(%)		
	砖混结构	框架结构	框架-剪力墙
碎砖	30～60	15～45	10～25
砂浆	8～15	10～20	10～25
混凝土	8～15	15～30	15～35
桩头	—	8～15	8～20
其他	15～25	12～25	15～25
合计	100	100	100
垃圾产生量(kg/m²)	50～200	45～150	40～150

旧城改造建筑垃圾的组成 表3-8

垃圾组成	砖混结构(%)	垃圾组成	砖混结构(%)
碎砖	50～70	混凝土	8～15
砂浆	8～15	屋面材料	1～3

垃圾组成	砖混结构	垃圾组成	砖混结构
钢材	1～2	其他	8～20
木材	1～2	合计	100

（2）建筑施工垃圾的控制和回收利用

要减少建筑施工垃圾对环境造成的污染，要从控制垃圾产生数量与发展回收利用两个方面入手。根据《绿色施工导则》，建筑施工垃圾的控制应遵从以下几点：

A. 制定建筑垃圾减量化计划，如住宅建筑，每万平方米的建筑垃圾不宜超过 400t。

B. 加强建筑垃圾的回收再利用，力争建筑垃圾的再利用和回收率达 30％以上，建筑物拆除产生的废弃物的再利用和回收率大于 40％。对于碎石类、土石方类建筑垃圾，可采用地基填埋、铺路等方式提高再利用率，力争使再利用率大于 50％。

C. 施工现场生活区设置封闭式垃圾容器，施工场地生活垃圾实行袋装化，及时清运。对建筑垃圾进行分类，并收集到现场封闭式垃圾站，集中运出。

1）建筑垃圾的综合利用研究情况

建筑垃圾中存在的许多废弃物经分拣、剔除或粉碎后，大多可以作为再生资源进行重新利用。例如存在于建筑垃圾中的各种废钢配件等金属，废钢筋、废铁丝、废电线等经分拣、集中、重新回炉后，可以再加工制造成各种规格的钢材；废竹、木材则可以用于制造人造木材；砖、石、混凝土等废料经破碎后可以代替砂、石材料，用于砌筑砂浆、抹灰砂浆、打混凝土垫层等，还可以用于制作砌块、再生骨料混凝土、铺道砖、花格砖等建材制品。可见，综合利用建筑垃圾是节约资源、保护生态的有效途径。部分建筑施工垃圾的成分如表 3-9 和表 3-10 所示。

纯烧结砖碎块和墙体材料废料的化学成分（西欧数据，%）　　　表 3-9

	干燥损失	烧失量	SiO_2	Al_2O_3	Fe_2O_3	CaO	MgO	K_2O	Na_2O	SO_3	Cl
22 种纯烧结砖碎块											
平均值	0.15	0.87	66.8	15.5	6.49	2.63	1.99	3.06	0.75	0.49	0.01
最小值	0	0	55.1	10.6	4.08	0.40	0.50	1.53	0.22	0	0
最大值	0.30	2.60	79.3	19.3	15.3	7.80	4.00	4.42	2.02	3.40	0.06
标准差	0.10	0.81	6.55	2.11	2.24	2.28	1.02	0.77	0.44	0.75	0.01
33 种墙体材料废料											
平均值	0.39	5.11	68.0	9.54	3.55	7.98	1.33	2.15	0.71	0.84	0.04
最小值	0	2.50	52.0	7.20	2.50	3.70	0.80	1.36	0.45	0.10	0.01
最大值	1.10	12.3	74.5	14.7	5.70	15.0	1.98	3.47	0.89	3.30	0.15
标准差	0.29	2.03	5.40	1.54	0.71	2.78	0.30	0.55	0.12	0.72	0.03

建筑垃圾的化学组成（我国数据，%）　　　表 3-10

垃圾	烧失量	SiO_2	Al_2O_3	Fe_2O_3	CaO	MgO	K_2O	Na_2O	SO_3
砖渣	1.99	55.40	18.54	5.84	1.93	1.48	1.83	0.52	0.04
砂浆	8.57	57.57	10.83	3.36	13.00	1.94	2.44	1.43	0.20

2）建筑垃圾的综合利用方式

① 建筑垃圾砖

建筑垃圾砖的生产步骤包括：a. 建筑垃圾进行粗破碎，并筛除一部分废土，除去废金属、塑料、木条、装饰材料等杂质，存入中间料库。b. 将分选得到的粗破碎送到二次破碎机组，经双层振动筛，将粒径≥10mm 的材料送回二次破碎机组进行再次破碎，对形成 5～10mm 粒径材料送成品料区，将 5mm 以下的材料送到成品筛继续筛分，分成 2mm 以下和 2～5mm 的材料，然后分别送到成品料区。将这三种类型的材料，5～10mm、2～5mm、2mm 以下，按比例送入搅拌机后，再掺入一定比例的水、水泥、粉煤灰等添加剂，搅拌均匀送到液压砌块机成型，28d 自然养护即可。

利用建筑垃圾做再生骨料制砖主要包括三部分费用（见表 3-11），包括：

普通混凝土多孔砖和再生混凝土多孔砖成本构成比较　　　　表 3-11

普通混凝土多孔砖		再生混凝土多孔砖	
建筑垃圾运送	—	建筑垃圾运送	S_1
天然骨料费用	S_1	再生混凝土骨料费用	S_2
制砖费用(包括除骨料外的其他材料费)	S_2	制砖费用(包括除骨料外的其他材料费)	S_3
合计	$\sum_{i=1}^{2} S_i$	合计	$\sum_{i=1}^{3} S_i$

A. 建筑垃圾运送到工厂的费用 S_1。建筑垃圾或废料运到工厂通常不需要成本，即该部分费用为负值或为 0。

B. 再生混凝土骨料的加工费用 S_2。该部分所需费用可以用 S_1 补偿一部分。

C. 再生混凝土多孔砖的制砖费用 S_3。该部分费用与普通混凝土多孔砖的制砖费用相同。欧盟、美国、日本等每年混凝土废料超过 3.6 亿 t，这些国家和地区对混凝土和钢筋混凝土废料再加工得到的再生骨料能耗比开采天然碎石要低 7 倍，成本可降低 25%。

建筑垃圾砖与传统烧结砖相比，其优点有：a. 建筑垃圾砖无需建窑焙烧与蒸养，投资相对较少；b. 建筑垃圾砖的抗压抗折强度较高（10MPa 以上），且各项性能指标均符合国家标准；c. 建筑垃圾砖的材料来源广泛，制作成本较低（0.07～0.08 元/块）。

D. 建筑垃圾砖的生产占用场地小，压制成型，劳动强度小，成品率高。

E. 建筑垃圾砖消化建筑垃圾，无污染、无残留物、噪声小，可变废为宝，保护环境，促进资源再生利用，节省大量土地资源。

建筑垃圾砖产品规格包括：240mm×115mm×53mm、180mm×115mm×115mm、240mm×115mm×115mm、115mm×115mm×115mm。强度等级为 MU7.5、MU10、MU15、MU20、MU30，这种砌体的施工工艺与质量控制可按《砌体结构施工质量验收规范》GB 50203—2002 的要求。由于建筑垃圾砖的吸水性能与黏土砖相比有较大的不同，施工中应注意以下几个问题：

A. 因为建筑垃圾砖属于水泥制品，其吸水性较黏土砖差，施工中应减少浸水时间；砂浆稠度应控制在 50～70mm，在炎热夏季可适当再调整砂浆稠度。

B. 在砌体砌筑过程中应正确留置出各种洞口、管道沟槽、脚手眼等，切不可在砌筑完成后再凿洞口。未经设计部门同意不得在承重墙中随意预留和打凿水、暖、电水平沟槽。

C. 正常施工条件下，每日砌筑高度宜控制在 1.5m 或一步脚手架高度，不能因为抢工期而加速施工。雨期施工应注意覆盖。

D. 建筑垃圾砖采用自然养护工艺，当气温较低时养护 28d 难以保证产品质量，建议在厂内养护和堆放 40d 后方可出厂。建筑垃圾砖进场后应按验收规范要求进行材料检测。

② 再生骨料混凝土

一般将废弃混凝土经过破碎、分级、清洗并按一定比例配合后作为新拌混凝土的骨料，这样的骨料被称为再生骨料，把利用再生骨料作为部分或全部骨料的混凝土称为再生骨料混凝土。利用废弃混凝土再生骨料拌制的再生骨料混凝土是发展绿色混凝土的主要措施之一。

再生骨料混凝土的开发利用开始于发达国家，我国近些年来才开始尝试开发再生骨料混凝土。我国政府也高度重视对这项技术的开发和利用，在我国中长期社会可持续发展战略中就鼓励废弃物的研究开发利用，1997 年建设部已经将"建筑废渣综合利用"列于科技成果重点推广项目。我国上海、北京等地的一些建筑企业与研究机构在建筑垃圾回收利用方面也做了一些有益的工作，如同济大学采用再生骨料混凝土应用于道路的建设。

由建筑垃圾中砖石砌体、混凝土块循环再生的骨料，与天然岩石骨料相比，具有孔隙率高、吸水性大、强度低等特征，这些特性将导致再生骨料混凝土与天然骨料混凝土的特性有较大差别。首先，因为再生骨料的孔隙率大、吸水性强的特性，会导致用再生骨料新拌混凝土的工作性（流动性、可塑性、稳定性、易密性）下降。其次，再生骨料混凝土硬化后的特性（强度、应力-应变关系、弹性模量、泊松比、收缩、徐变）都会与天然骨料有所不同。例如再生骨料的多孔隙会导致混凝土弹性模量减小，强度降低，刚度减小。另外，吸水率高还会导致失水后混凝土干缩与徐变增大。

同配合比再生混凝土与采用天然骨料配制的普通混凝土在性质上存在差异，主要是因为再生骨料具有不同特性所引起。大量研究资料表明，再生骨料通常具有以下特性：a. 表面粗糙，棱角多；b. 含有大量的水泥砂浆；c. 存在多种杂质，如玻璃、土壤、沥青等；d. 再生骨料的过程中，由于骨料内部的损伤积累会导致再生骨料内部有大量的原生裂纹发生。基于这方面的原因，使用再生骨料配制而成的再生混凝土工作性能较差、弹性模量较小、干缩与徐变较大、耐久性不高。

目前再生骨料混凝土主要用于地基加固、道路工程的垫层、室内地坪垫层、砌块砖等方面。要扩大其应用范围，将再生骨料混凝土用于钢筋混凝土结构工程中，必须要对再生骨料进行改性强化处理。

③ 建筑砂浆

将废砖破碎后用作混凝土的骨料是一个很好的解决废砖重新利用的途径，特别适用于缺乏天然骨料的地区。然而在实际应用中，废砖破碎成混凝土所需的粗骨料的过程中，不可避免地会产生大量的粒度很小的颗粒或砖粉。利用废砖粉代替部分天然砂配制再生砂浆，不仅能降低建筑砂浆的生产成本、节约天然砂资源，而且还可减少废黏土砖排放中对环境的污染、土地的占用等负面影响。

相关研究表明，当废砖粉取代天然砂用于配制再生砂浆时取代率不宜过大，否则再生砂浆的和易性将很难满足施工要求。采用添加减水剂的措施，可增加取代率。对再生砂浆的其他相关性能等还需进一步研究，但这种思路不失为一个发展建筑废弃物循环再利用的新途径。

建筑垃圾再利用本身就是一个环保范畴的项目，因此，在建筑垃圾再利用过程中应该注意噪声、粉尘、烟尘等方面，避免二次污染。

本节介绍了扬尘、噪声、光污染、水污染、土壤污染、建筑垃圾等建筑业环境保护重要影响因素的产生原因、现状、防治污染的技术、措施等。为有效减少建筑业环境污染提出了可行思路，总结了可推广技术。

3.3 节能与能源利用技术及其应用

3.3.1 概述

我国人口众多，能源供应体系面临供不应求的严重挑战，人均拥有量远低于世界平均水平。据统计，我国目前煤炭、石油、天然气人均剩余可采储量分别只有世界平均水平的58.6％、7.69％和7.05％。而且，现阶段我国正处在工业化、城镇化快速发展的重要时期，能源资源的消耗强度大，能源需求不断增长，能源供需矛盾愈显突出。所以，节能降耗是我国发展经济发展的一项长远战略方针，其意义不仅仅是节约资源，还与生态环境的保护、社会经济的可持续发展密切相关。也正是后者的压力催紧节能降耗工作的开展。

建筑的能耗约占全社会总能耗的30％，其中最主要的是采暖和空调，占到20％。目前，建筑耗能（包括建造能耗、生活能耗、采暖空调等）已与工业耗能、交通耗能并列，成为我国能源消耗的三大"猛虎"。尤其是建筑耗能随着我国建筑总量的逐年攀升和居住舒适度的提高，呈急剧上扬趋势。其中，建筑用能已经超过全社会能源消耗总量的25％，并将随着人民生活水平的提高逐步增至30％以上。

而这"30％"仅仅是建筑物在建造和使用过程中消耗的能源比例，如果再加上建材生产过程中耗掉的能源（占全社会总能耗的16.7％），和建筑相关的能耗将占到社会总能耗的46.7％。现在我国每年新建房屋20亿 m² 中，99％以上是高能耗建筑；而既有的约430亿 m² 建筑中，只有4％采取了能源效率措施，单位建筑面积采暖能耗为发达国家新建建筑的3倍以上。根据测算，如果不采取有力措施，到2020年中国建筑能耗将是现在的3倍以上。

2006年底，全国政协调研组就建筑节能问题提交的调研数据显示：按目前的趋势发展，到2020年我国建筑能耗将达到10.9亿 t 标准煤。它相当于北京5大电厂煤炭合理库存的400倍。每吨标准煤按我国目前的发电成本折合大约等于2700度电；这样，2020年，我国的建筑能耗将达到29430亿度电，将比三峡电站34年的发电量总和还要多（三峡电站2008年完成发电量808.12亿度）。因此，建筑节能问题不容忽视。

改革开放以来，建筑节能一直都受到政府有关部门的高度重视。早在1986年，我国就开始试行第一部建筑节能设计标准，1999年又把北方地区建筑节能设计标准纳入强制性标准进行贯彻。国务院办公厅和住房和城乡建设部近年来又相继出台了《进一步推进墙体材料革新和推广节能建筑的通知》（国办发［2005］33号）、《关于发展节能省地型住宅和公用建筑的指导意见》等文件，以推动建筑节能工作。各地方政府也纷纷出台具体落实措施，降低建筑能耗。

然而，由于缺乏完备的监管体系，建筑节能实施情况并不乐观。2005年，住房和城乡建设部曾对17个省市的建筑节能情况进行了抽查，结果发现，北方地区做了节能设计的项目只有50%左右按照设计标准去做。事实证明，中国的建筑节能市场潜力巨大。据不完全统计，如果使用高效能源技术改造现有楼房，每年可以节约大约6000亿元人民币的成本，相当于少建4个三峡电站。

我国正面临日益严峻的环境恶化和资源限制。实现可持续发展的目标，推广建筑节能、减少建筑能耗至关重要。然而现实情况是，导致建筑能耗巨大的几大"罪魁祸首"依然猖獗。譬如，在一些地方，特别是城乡接合部和农村地区，实心黏土砖产量居高不下，"封"而不"死"，造成极大的能源消耗；供热采暖的消耗大约占了建筑能耗中近一半，但"热改"在推进过程中依然困难重重，无法实现建筑节能的目标；大型公共建筑的建筑面积不到城镇建筑总面积的4%，却消耗了总建筑能耗的22%，成为能耗的"黑洞"。

（1）节能的概念

什么是节能？节能是节约能源的简称。概括地说，节能是采取技术上可行、经济上合理、有利于环境、社会可接受的措施，提高能源利用率和能源利用的经济效果。也就是说，节能是在国民经济各个部门、生产和生活各个领域，合理有效地利用能源资源，力求以最少的能源消耗和最低的支出成本，生产出更多适应社会需要的产品和提供更好的能源服务，不断改善人类赖以生存的环境质量，减少经济增长对能源的依赖程度。

我国建筑能耗与建筑节能现状：

1）建筑总量大幅增加，能耗急剧攀升。目前，我国城乡建筑总面积约400多亿 m^2，其中能达到建筑节能标准的仅占5%，其余95%都是非节建筑。公共建筑面积大约为45亿 m^2，其能耗以电为主，占总能耗的70%，单位面积年均耗电量大约是普通居住建筑的7～10倍。调查显示，2005年底北京三星级以上的宾馆、饭店有300多家，建筑面积超过2万 m^2 的商场、写字楼约有200家，这些大型公共建筑面积仅占民用建筑的5.4%，但全年耗电量约占全市居民生活用电总量的50%。21世纪头20年，建筑业迅速发展。据目前我国每年竣工房屋建筑面积20亿 m^2 预测，到2020年，全国城乡将新增房屋建筑面积约300亿 m^2。在建筑总量大幅提升的同时，建筑能耗也将持续攀升。前瞻产业研究院日前发布的《2013—2017年中国智能建筑行业市场前景与投资战略规划分析报告》显示，目前，建筑能耗已经占到社会总能耗的33%，可以折算成11亿t标准煤。来自住建部科技司消息称，随着城市化进程的加快，我国建筑能耗比例最终将上升至35%左右。作为住宅能耗的大户，空调正在以每年1100万台的惊人速度增长。由于人们对建筑热舒适性的要求越来越高，采暖区开始向南扩展，空调制冷范围由公共建筑扩展到居住建筑。我国农村建筑面积约为250亿 m^2，年耗电量约900亿 $kW \cdot h$，假如农村目前的薪柴、秸秆等非商品能源完全被常规商品能源替代，则我国建筑能耗将增加一倍。如果延续目前的建筑发展规模和建筑能耗状况，到2020年，全国每年将消耗112万亿 $kW \cdot h$ 电和411亿t标准煤，接近目前全国建筑能耗的3倍，并且建筑能耗占总能耗的比例将继续提高。

2）建筑节能执行力差，能效低。住房和城乡建设部的一项调查显示，2004年，我国按照节能标准设计的项目只有58.5%，按照节能标准施工建造的只有23.3%。当然，导致建筑节能执行力差的原因有很多。在一些地方，出现了一种被称为"阴阳图纸"的设计图，即一套图纸供设计审查用，另一套将建筑节能去掉后供施工用。设计师的建筑节能设计很好，但如果完全按照节能设计做，就会超过开发商的预算。由于不用节能材料后并不影响房屋的整体结构，也不会影响房屋的安全问题，所以，只要相关部门不强行检查，开发商是能省则省。例如，若按节能规定操作，每平方米要多出100多元，一个几万平方米的小区，节能成本远远高于罚款。用廉价建材代替节能材料降低成本，开发商所需要做的仅是提交一份变更协商。建筑节能的关键之一就是建筑材料的节能，包括外墙保温材料、节能门窗等。在欧美日等发达地区，建筑保温材料中聚氨酯占75%，聚苯乙烯占5%，玻璃棉占20%。而在中国，建筑保温材料80%用的是聚苯乙烯，聚氨酯的应用只占了10%。

(2) 节能的理念

建筑能耗，尤其是住宅建筑的能耗，说到底是一种消费。建筑能耗（实耗值）的增加，以及建筑能耗在总能耗中比例的提高，说明我国的经济结构比较合理，也说明人民生活有了较大提高。政府自身在节能上怎么做，往往会影响民众的消费方式，所以，政府的节能宣传显得尤为重要，这是从节能的"工程意识"转变到"全社会的系统意识"的最好途径。当前，许多发达国家每年都会花费巨大的资金来做节能宣传。比如日本政府每年花费约1.2亿美元来向民众宣传环保、节能等理念。但是，老百姓消费观念的转变需要一个长期的过程。据统计，我国节能灯产量占世界总产量的90%左右，但是不幸的是，这其中70%以上都出口了。节能产品的使用给个人带来的收益是经济效益，而国家收到的不仅是经济效益，还有社会效益、环境效益。所以，国家应加大这方面的投入和宣传。节能是个笼统的概念，对节能属性的认识，有助于发掘节能资源。

1) 节能是具有公益性的社会行为

节约能源与能源开发不同，节能具有量大面广和极度分散两大特点，涉及各行各业和千家万户，它的个案效益有限而规模效益巨大，只有始于足下和点滴积累的努力，采取多方参与的社会行动，才能"聚沙成塔，汇流成川"。

20世纪70~80年代，节能以弥补短缺为主，约束能源浪费，控制能源消费，以降低能源服务水平为代价，作为缓解能源危机的应急手段。20世纪80年代以来，随着社会资源和环境压力的不断加大，节能转向以污染减排为主，鼓励提高能效，提倡优质高效的能源服务，作为保护环境的一个主要支持手段，现在，节能减排新思维已成为当今全球经济可持续发展理念的一个重要组成部分，为推动节能环保的公益事业注入了新的活力。

2) 节能要建立在效率和效益基础之上

节能既要讲求效率，也要讲求效益，效率是基础，效益是目的，效益要通过效率来实现。这里所说的效率就是要提高能源利用率，在完成同样能源服务条件下实现需要的作业功能，减少能源消耗，达到节约能源的目的。讲求效益就是要提高能源利用的经济效果，使节省的能源费用高于用于节能所支出的成本，达到增加收益的目的，从而使人们分享节能与经济同步增长的利益。

截至目前，我国对于节能材料和技术的推广应用，尚没有较好的激励政策和有效措施，节能在很大程度上还停留在一种企业行为，很多节能产品生产企业因打不开市场而最终退出。借鉴西方发达国家的做法，为推动建筑节能的深入，政府可对不执行节能标准的新建和改扩建建筑工程与节能建筑实行差别税费政策。出台相应的有效激励机制，在税收、经营、技术和市场管理等方面给予企业适当的优惠与帮助，以增强企业的积极性。或者借鉴美、德、日等发达国家的经验，由政府直接给予节能产品生产企业生产的节能产品一定比例的补贴，或采取减免生产企业和用户税费的方式进行支持。为鼓励厂家和用户实现更高的能源效率标准，对通过高标准节能认证的产品，由公益基金提供资金返还，也是一项不错的激励机制。

3）节能资源是没有储存价值的"大众"资源

节能资源与煤炭、石油、天然气等自然赋存的公共资源不同，它是需求方的消费者自身拥有的潜在资源，这种资源一旦得以发掘，就会减少煤炭、石油、天然气等公共资源的消耗，成为供应方的一种替代资源。基于节能资源的这一"私有"属性，期望消费者参与节能减排的公益活动，需要采取以鼓励为主的节能推动措施，激发他们投资能效去挖掘自身的节能潜力，为他们主动参与和自主选择适合自身需要的效率措施创造一个有利的实施环境，使节能付诸行动并落实到终端，最终产出节能资源。

4）节能的难度是缺少克服市场障碍的有效办法

节能重在行动，贵在坚持。树立正确的节能理念，培育务真求实的节能意识是推动节能最积极的内在动力，它需要有激发人们节能内在动力的运作机制。应当理解，节能不是工业、农业、商业、服务业盈利的主要目标，很难在会计账目上看到节能的货币价值；节能不是企事业主管关注的运营领域；节能也不是大众致富的来源。所以，人们对节能没有足够的热情，更多关注的是能够获得可靠的能源供应，实现他们需要的能源服务，很少能领悟到节能既是一种收获，又是一份奉献。因此，节能的难度不是来自技术障碍，需要的是能够在日常活动中持续发挥作用的节能运作机制。

目前我国有关建筑节能技术标准体系尚不够健全，还没有形成独立的体系，从而无法为建筑节能工作的开展适时提供全面、必要的技术依据。随着建筑节能工作的进展，迫切需要建立和完善建筑节能技术标准体系以促进我国的建筑节能工作健康、持续的发展。建立建筑节能监管体系，将建筑节能设计标准的监管进一步延伸至施工、监理、竣工验收、房屋销售等各个环节。规范节能认证标准，避免出现类似节能灯"节电不节钱"的现象，有效打击不法"伪节能"企业和产品，改变节能材料市场品牌杂、质量良莠不齐的局面。

（3）施工节能的概念

一般来说，施工节能是指建筑工程施工企业采取技术上可行、经济上合理、有利于环境、社会可接受的措施，提高施工所耗费能源的利用率。

目前，我国在各类建筑物与构筑物的建造和使用过程中，具有资源消耗高，能源利用效率低，单位建筑能耗比同等气候条件下的先进国家高出2～3倍等特点。近年来，党中央、国务院提出要建设节约型社会和环境友好型社会，作为建筑节能实体的工程项目，必须充分认识节约能源资源的重要性和紧迫性，要用相对较少的资源利用、较好的生态环境保护，实现项目管理目标，除符合建筑节能外，主要是通过对工程项目进行优化设计与改进施工工艺，对施工现场的水、电、建筑用材、施工场地等要进行合理的安排与精心的组织管理，做好每一个节约的细节，减少施工能耗，创建节约型项目。

（4）施工节能与建筑节能

所谓建筑节能，在发达国家最初定义为减少建筑中能量的散失，现在普遍定义为"在保证提高建筑舒适性的条件下，合理使用能源，不断提高建筑中的能源利用率"。它所界定的范围指建筑使用能耗，包括采暖、空调、热水供应、炊事、照明、家用电器、电梯等方面的能耗，一般占该国总能耗的30%左右。随着我国每年10亿m^2的民用建筑投入使用，建筑能耗占总能耗的比例已从1978年的约10%上升到目前的30%左右。我国近期建筑节能的重点是建筑采暖、空调节能，包括建筑围护结构节能，采暖、空调设备效率提高和可再生能源利用等。而施工节能是从施工组织设计、施工机械设备及机具以及施工临时设施等方面的角度，在保证安全的前提下，最大限度地降低施工过程中的能量损耗，提高能源利用率。

二者属于同一目标的两个过程，有本质的区别。当节能被作为一件大事情提上全社会的议事日程时，很多人更多关注的是建筑物本身该如何节能，而施工过程中的节能情况，则被大多数人所忽视。

（5）施工节能的主要措施

1）制定合理的施工能耗指标，提高施工能源利用率。

由于施工能耗的复杂性，再加上目前尚没有一个统一的提供施工能耗方面信息的工具可供使用，什么是被一致认可的施工节能难以界定，这就使得绿色施工的推广工作进程十分缓慢。因此，制定切实可行的施工能耗评价指标体系已成为在建设领域推行绿色施工的瓶颈问题。

一方面，制定施工能耗评价指标体系及相关标准可以为工程达到绿色施工的标准提供坚实的理论基础；另一方面，建立针对施工阶段的可操作性强的施工能耗评价指标体系，是对整个项目实施阶段监控评价体系的完善，为最终建立绿色施工的决策支持系统提供依据；同时，通过开展施工能耗评价可为政府或承包商建立绿色施工行为准则，在理论的基础上明确被社会广泛接受的绿色施工的概念及原则等，为开展绿色施工提供指导和方向。

合理的施工能耗指标体系应该遵循以下几个方面的原则：

① 科学性与实践性相结合原则。在选择评价指标和构建评价模型时，要力求科学，能够确确实实地达到施工节能的目的，以提高能源的利用率；评价指标体系的繁简也要适宜，不能过多过细，避免指标之间相互重叠、交叉；也不能过少过简，导致指标信息不全面而最终影响评价结果。目前，国内大多建筑工程施工方式的特点是粗放式生产，资源和能源消耗量大、废弃物多，对环境、资源造成严重的影响，建立评价指标体系必须从这个实际出发。

② 针对性和全面性原则。首先，指标体系的确定必须针对整个施工过程，并紧密联系实际、因地制宜，并有适当的取舍；其次，针对典型施工过程或施工方案设定统一的评价指标。

③ 指标体系结构要具有动态性。要把施工节能评价看作一个动态的过程，评价指标体系也应该具有动态性，评价指标体系中的内容针对不同工程、不同地点，评估指标、权重系数、计分标准应该有所变化。同时，随着科学进步，不断调整和修订标准或另选其他标准，并建立定期的重新评价制度，使评价指标体系与技术进步相适应。

④ 前瞻性、引导性原则。施工节能的评价指标应具有一定的前瞻性，与绿色施工技术经济的发展方向相吻合；评价指标的选取要对施工节能未来的发展具备一定的引导性，尽可能反映出今后施工节能的发展趋势和重点。通过这些前瞻性、引导性指标的设置，引导未来施工企业的施工节能发展方向，促使承包商、业主在施工过程中重点考虑施工节能。

⑤ 可操作性原则。指标体系中的指标一定要具有可度量性和可比较性，以便于操作。一方面对于评价指标中的定性指标，应该通过现代定量化的科学分析方法加以量化；另一方面评价指标应使用统一的标准衡量，消除人为可变因素的影响，使评价对象之间存在可比性，进而确保评价结果的公正、准确。此外，评价指标的数据在实际中也应方便易得。

总之，在进行施工节能评价过程中，必须选取有代表性、可操作性强的要素作为评价指标。所选择的单个评价指标，虽仅反映施工节能的一个侧面或某一方面，但整个评价指标体系却能够细致反映施工节能水平的全貌。

2）优先使用国家、行业推荐的节能、高效、环保的施工设备和机具。

工程机械的生产成本除了原材料、零部件外，主要是生产过程中的电、水、气的消耗和人工成本。节能、降耗的目标也就相应明显，就是降低生产过程中的电、水、气消耗，并把产生的热量等副产品加以利用。从目前的节能技术和产品来看，国内在上述方面已经比较成熟。除了变频技术节电外，更有先进的利用节能电抗技术对电力系统进行优化处理。

作为工程机械的终端用户，建筑企业在施工过程中应该优先使用国家、行业推荐的节能、高效、环保的施工设备和机具，淘汰低能效、高能耗的老式机械。

3）施工现场分别设定生产、生活、办公和施工设备的用电控制指标。定期进行计量、核算、对比分析，并有预防与纠正措施。

建筑施工临时用电主要应用在电动建筑机械、相关配套施工机械、照明用电及日常办公用电等几方面。施工用电作为建筑施工成本的一个重要组成部分，其节能已经成为现在建筑施工企业深化管理、控制成本的一个有力窗口。

根据建筑施工用电的特点，建筑施工临时用电应该分别设定生产、生活、办公和施工设备的用电控制指标，定期进行计量、核算、对比分析，并有预防与纠正措施。

4）在施工组织设计中。合理安排施工顺序、工作面，以减少作业区域的机具数量，相邻作业区充分利用共有的机具资源。

安排施工工艺时，应优先考虑耗用电能少的或其他能耗较少的施工工艺。例如：在进行钢筋的连接施工时，尽量采用机械连接，减少采用焊接连接。避免设备额定功率远大于使用功率或超负荷使用设备的现象。按照设计图纸文件要求，编制科学、合理、具有可操作性的施工组织设计，确定安全、节能的方案和措施。要根据施工组织设计，分析施工机械使用频次、进场时间、使用时间等，合理安排施工顺序和工作面等，减少施工现场或划分的作业面内的机械使用数量和电力资源的浪费。

5）根据当地气候和自然资源条件，充分利用太阳能、地热等可再生能源。

太阳能、地热等可再生能源的利用与否是施工节能不得不考虑的重要因素。特别在日照时间相对较长的我国南方地区，应当充分利用太阳能这一可再生资源。例如：减少夜间施工作业的时间，可以降低施工照明所消耗的电能；工地办公场所的设置应该考虑到采光和保温隔热的需要，降低采光和空调所消耗的电能。地热资源丰富的地区应当考虑尽量多地使用地热能，特别是在施工人员生活方面。

6）因地制宜、推进建材节约。

要积极采用新型建筑体系，因地制宜，就地取材，推广应用高性能、低材耗、可再生循环利用的建筑材料。选材上要提高通用性、增加钢化设施材料的周转次数，少用木模，减少进场木材，降低材料资金投入。如：推广应用 HRB500 级钢筋，直螺纹钢筋接头，减少搭接；优化混凝土配合比，减少水泥用量；做清水混凝土，减少抹灰量；推广楼地面混凝土一次磨光成活工艺等。要根据施工现场布置、工程规模大小，合理划分流水施工区域，将各种资源（包括人力资源、物资资源）充分利用。结合工程特点和在不影响工程质量的情况下，回收与利用被拆除建筑的建材与部品，合理利用废料，减少建筑垃圾的堆放、处理费用，现场垃圾宜按可回收与不可回收分类堆放。如：现场垃圾中不可避免地夹杂一些扣件、铁丝、钢筋头、可利用的废竹胶合板，要安排专人进行垃圾的分类与回收利用。对于少量的混凝土及砌体垃圾，要进行破碎处理，当作骨料进行搅拌，作为临时场地硬化的原料。办公、生活用房若使用活动房，墙体可采用保温隔热性能较好的轻钢保温复合板，提高节能效果，又可多次周转使用，节约材料。同时，要确定适用、先进的施工工艺，在施工时一次施工成功，水电管线的预埋到位，避免施工过程中多次返工和因工序配合不好造成的破坏及浪费建筑材料，间接增加材料生产能耗。

7）采取有效措施节约用水。

施工现场生活用水要杜绝跑、冒、滴、漏现象，使用节水设备，采用质量好的厚质水管进行水源接入，避免漏水。混凝土墙、柱拆模后及时进行覆盖保温、保湿、喷涂专用混凝土养护剂进行养护，避免用水养护。混凝土表面不存贮水分，避免养护时用水四处溢水、大量流失浪费。在节约生活用水方面，安排专人对食堂、浴室、储水设施、卫生间等处的用水器具进行维护，发现漏水，及时维修。生活区有进行植被绿化的，要尽量种植节水型植被，定时浇灌，杜绝漫灌。同时，要做好雨水收集和施工用水的二次利用，将回收的雨水和经净化处理的水循环利用，浇灌绿化植被、清洗车辆和冲洗厕所等。

8）合理布局，强化利用施工场地。

在设计阶段，要树立集约节地的观念，适当提高工业建筑的容积率，综合考虑节能和节地，适当提高公共建筑的建筑密度，居住建筑要立足于宜居环境合理确定住宅建筑的密度和容积率。施工阶段，施工的办公、生产用房要尽量减少，除必要的施工现场道路要进行场地硬化外，应多绿化，营造整洁有序、安全文明的施工环境。道路的硬化可使用预制混凝土砌块，工程完工后，揭掉运走，下一个工地重复使用。要按使用时间的先后顺序，统筹分类堆放建筑材料，避免材料堆放杂乱无章；施工用材尽量不要安排在现场加工，减少材料堆放场地。建筑垃圾要及时清理、运走，腾出施工场地，以防影响施工进度。

3.3.2 机械设备与机具节能措施

（1）建立施工机械设备管理制度

建筑施工企业是机械设备和机具的终端用户，要降低其能量损耗，提高其生产效率，实现"能耗最低、效益最大"这一目标，首先应该管理好施工机械设备。

机械设备管理是一门科学，是经营管理和技术管理的重要组成部分。随着建筑施工机械化水平的不断提高，工程项目的施工对机械设备依赖程度越来越大，机械设备已成为影响工程进度、质量和成本的关键。机械设备的能耗占建筑施工耗能很大一部分的比例，所以保持机械设备低能耗、高效率的工作状态是进行机械设备管理的唯一目标。

机械设备的管理分为使用管理和维护管理两个方面。

1）机械设备的使用管理

在大型工程项目的施工过程中，机械设备具有数量多、品种复杂且相对集中等特点，机械设备的使用应有专门的机械设备技术人员专管负责；建立健全施工机械设备管理台账，详细记录机械设备编号、名称、型号、规格、原值、性能、购置日期、使用情况、维护保养情况等，大型施工机械定人、定机、定岗，实行机长负责制，并随着施工的进行，及时检查设备完好率和利用率，及时订购配件，以便更好维护有故障的机械设备；易损件有一定储备，但不造成积压浪费，同时做好各类原始记录的收集整理工作，机械设备完成项目施工返回时，由设备管理部门组织相关人员对所返回的设备检查验收，对主要设备需封存保管；另外，机械设备操作正确与否直接影响其使用寿命的长短，提高操作人员技术素质是使用好设备的关键。

对施工机械设备的管理，应制定严格的规章制度，加强对设备操作人员的培训考核和安全教育，按机械设备操作、日常维护等技术规程执行，避免由于错误操作或疏忽大意，造成机械设备损坏的事故。设备状况好坏直接关系到经济技术指标的完成。首先，应该加强操作人员的技术培训工作，操作人员应通过国家有关部门的培训和考核，取得相应机械设备的操作上岗资格；其次针对具体机型，从理论和实际操作上加强双重培训，只有操作人员掌握一定理论知识和操作技能后，才能上机操作；再次，加强操作人员使用好机械设备的责任心，积极开展评先创优、岗位练兵和技术比武活动，多手段培养操作人员刻苦钻研，爱岗敬业，竭诚奉献的精神也是施工机械设备管理过程中的重要一环。

2）施工机械设备的维护管理

加强机械设备的维护管理，提高机械设备完好率是施工企业面临的重要课题。机械设备运行到国家有关标准的行驶里程或超过有关标准规定间隔运行时间，为保持其良好的技术状况和工作性能，必须进行维护。以完善的管理手段实现使用与维护有机结合，充分发挥施工机械综合生产效能，保护环境，降低运行消耗，对施工企业提高施工质量和降低能耗具有重要意义。

施工机械维护分为日常维护、定期维护等。机械设备的维护根据施工机械的结构和使用条件不同，维护性质和具体工作内容也有所变化。

① 日常维护管理。其实质是为了保证施工机械处于完好的技术状况和具备良好的工作性能，保证机械有效运行。日常维护管理由各设备操作人员执行，机械设备日常维护工作是其主要的工作职责之一，主要工作内容包括施工机械每次运行前和运行中的检视与排除运行故障，及运行后对施工设备进行养护，添加燃料和润滑油料，检查与消除所发现的故障等。

② 定期维护管理。指建筑施工企业对施工机械设备须按维护保养制度规定的维护保养周期，或说明书中规定的保养周期，定期进行强制性维护保养工作。主要包括例行维护保养、一级维护保养、二级维护保养、走合期维护保养、换季性维护保养、设备封存期维护保养等，须严格按时强制执行，不得随意延长或提前作业。有的施工企业往往以施工任务紧、操作人员少、作业时间长等理由对设备保养进行推脱，极易造成机械设备早期磨损，这种思想必须根除。按有关规定需要进行维护保养的机械，如果正在工地作业，以在工程间隙进行维护保养，不必等到施工结束进行。

3）加强设备维修保养制度，坚持设备评优工作。

机械设备保养、维修、使用三者既相互关联，又互为条件。任何机械设备在使用一段较长时间后，都会出现不同程度的故障，为降低故障发生的概率、延长设备使用寿命，应该根据机械设备的使用情况，密切配合施工生产，按设备规定的运转周期（公里或小时）定期做好各项保养与维修工作。另外，设备管理部门在制定维修及保养计划时可以根据各类设备的具体情况，以及新旧设备的不同特点，采取不同的措施。

施工机械保养维护直接影响其使用寿命，而且具有季节性特征。在炎热的夏季，由于气温较高、雨量多、空气潮湿、辐射热强，给机械施工带来许多困难。譬如：因冷却系统散热不良，发动机温度很容易超高，影响发动机充气系数，使功率下降；润滑油因受高温影响而黏度降低，润滑性差；施工现场水多，空气潮湿等容易导致机械的金属零件生锈；机械离合器与制动装置的摩擦部分也会因为温度过高而磨损增加甚至烧蚀；液压系统因工作油液黏度降低而引起系统外部渗漏和内部泄漏，使其传动效率降低等。因此，在高温季节对施工机械的使用和保养的好坏将直接影响施工效率。

① 必须加强发动机冷却系统的维护和保养。经常检查和调整风扇皮带的张紧度，防止风扇皮带过松打滑而降低冷却强度，并防止风扇皮带过紧致使水泵轴承过热而烧损。对冷却系统各管道和接头处应经常检查，发现破裂和漏水应及时排除，保持散热器上水室的水位有足够的高度，并及时增补。切勿在工作中发现缺水而在发动机过热的情况下，向发动机加注冷水。

② 在冷却系统保养过程中应重视水垢的清除工作，使冷却系统的管道畅通，以加速冷却水的循环。由于水垢的导热性差（约比铸铁小十几倍），所以冷却系统内的散热器、水管等内部沉积水垢以后，不但直接导致散热性能变差，还会使冷却水容量减少，降低冷却效果。由于施工机械在施工生产过程中条件相对恶劣，在没有软水或夏季干旱少雨的地方，发动机冷却系统内加注的冷却水必须进行软化处理。软化处理最简单的办法是煮沸后经沉淀即可使用，或者有条件的前提下可加入硬水软化剂进行软化，软化后应经过滤再加入发动机。若因冷却系统沉积水垢过多，经常引起发动机过热时，应进行清洗和除垢。一般的铸铁发动机除垢方法是：待发动机熄火后，趁热放出冷却水（在每 10L 清水中加入 750g 烧碱和 250g 煤油），溶液注入发动机后启动发动机并以中速运转 5～10min。然后待溶液在机内停留 10h 之后，重新启动发动机，以中速运转 5～10min 后放出溶液，最后注入清水使发动机以中速运转进行清洗，如此进行 2～3 次即完成除垢工作。

③ 要加强发动机及传动部分的润滑和调整工作。在高温下发动机及各传动部分机构能迅速启动和运转，对磨损所产生的影响主要取决于采用的润滑油品质。因此，对发动机及传动机构，在夏季高温条件下施工时应换用滴点较高的润滑脂，对液压传动系统中的工作油液也要采用专门的夏季用油。同时，由于夏季炎热、多雨，还应特别防止水分或空气进入内部。若油中进入空气和水分，当油泵把油液转变为高压工作油液时，空气和水分就会助长系统内热的急剧增加而引起发动机过热，过热将使工作油液变稀，并加速油液氧化以及系统内部各零件的磨损和腐蚀，降低系统的传动效率。

对在夏季和在南方施工的机械来说，特别是化油器式发动机的燃料系统应进行适当的调整。一般主要采取降低化油器浮子室的油面高度、减少主喷管与省油器的出油量等措施；此外，还应采取必要的措施预防油路产生气阻而影响发动机的正常运转。因此要勤于检查和排除燃料系统中的气体。对于柴油机来说，在高气温下因破坏了热规范，降低了气缸的充气系数，再加上夏季空气干燥、粉尘多，特别是晴朗无雨天气的施工条件下尤为突出。依据经验，机械行驶于土地上，空气中的粉尘含量常常达到 $1.5\sim29/m^3$。空气中含尘量的增加，促使必须加强对燃料供给系统的保养，特别是空气滤清器、油箱和燃料的粗、细滤清器的情况，否则会大大加速机件的磨损进程。

④ 蓄电池的电解液也会因气温过高而导致水分蒸发速度加快，所以在夏季必须注意加强对蓄电池的检查并加注蒸馏水，同时为防止大电流充电造成蓄电池温度过高，引起蒸发量增加，必须调整发电机调节器，以减少发电机的充电电流，并检查和清洗蓄电池的通气孔。否则可能使蓄电池的电解液过热膨胀而导致蓄电池爆裂。

⑤ 机械行走部分由于外界温度高，特别是轮式机械在炎热的气温下施工，由于轮胎上的负荷和运行速度是随着工作装置的工作状态而变化的，容易引起轮胎气压的剧增和剧减，一旦不慎会使轮胎爆裂。因此，在施工中要特别注意轮胎的温度和气压，经常检查和保持规定的气压标准。

对于施工企业已装备的具有先进技术水平、价格昂贵的机械设备，因其技术含量高，单凭经验和普通的维修工具已经难以对这些设备进行正确的维修。因此，这些机械设备应采用现代化的手段，以经济合理的方法进行维修，改革以往计划经济背景下实施的强制修理制度，实行"视情修理法"，即视设备的功能、工作环境、磨损大小，在充分了解与掌握其故障情况、损坏情况、技术情况的前提下进行状态维修和项目维修，这样在确保正常使用的同时，既保证了设备的完好率，又能充分发挥设备的最大工作效率，避免了此类机械不坏不修，坏了又无法修的情况发生。

为了促进各基层单位的管理工作，建筑施工企业每年应组织开展机械设备检查评比活动。为了防止基层单位平时不重视设备现场管理，检查时搞突击应付，检查评比宜采用不定期抽检的方式进行。另外，检查评比的结果还应与企业的奖惩制度相结合，体现"增产节约有奖，损失浪费要罚"的原则，对优秀的管理单位与个人给予奖励，对管理差的予以处罚。这样，不但有效地推动了企业的设备管理工作，还减少了设备的故障停机率，保证了企业的正常生产，保证了企业自身的利益。

总之，要搞好施工机械设备使用维护管理，需要各级单位领导的重视，各部门的配合，使设备管理制度化、规范化、科学化，只有按正常的管理程序，努力提高机械设备的完好率、生产率、经济寿命率，使其在工程施工中发挥应有的作用，才能使施工机械设备使用维护管理工作走向良性循环轨道，从而降低施工机械设备与机具的能耗。

（2）机械设备的选择与使用

1）选择功率与负载相匹配的施工机械设备，避免大功率施工机械设备低负载长时间运行。施工机械设备容量选择原则是：在满足负荷要求的前提下，主要考虑电机运行，使电力系统有功损耗最小。对于已投入运行的变压器，由实际负荷系数与经济负荷系数差值情况即可认定运行是否经济，等于或相近时为经济，相差较大时则不经济。

除此之外，根据负荷特性和运行方式还需考虑电机发热、过载及启动能力留有一定裕度（一般在 10% 左右）。对恒定负荷连续工作制机械设备，可使设备额定功率等于或稍大于负荷功率；对变动负荷连续工作制设备，可使电机额定电流（功率、转矩）大于或稍大于折算至恒定负荷连续工作制的等效负荷电流（功率、转矩），但此时需要校核过载、启动能力等不利因素。

2）机电安装可采用节电型机械设备。如逆变式电焊机和能耗低、效率高的手持电动工具等。以利节电逆变式电焊机是一种通过逆变器（将直流电转换成交流电的装置）提供弧焊电源的新型电焊机。这种电源一般是将三相工频（50Hz）交流网络电压，经输入整流器整流和滤波，变成直流，再通过大功率开关电子元件（晶闸管 SCR、晶体管 GTR、场效应管 MOSFET 或 IGBT）的交替开关作用，逆变成几赫兹到几十赫兹的中频交流电压，同时经变压器降至适合于焊接的几十伏电压，后经再次整流并经电抗滤波输出相当平稳的直流焊接电流。逆变式电焊机具有高效、节能、轻便和良好的动态特性，且电弧稳定，溶池容易控制、动态响应快、性能可靠、焊接电弧稳定、焊缝成形美观、飞溅小、噪声低、节电等特性。

3）机械设备宜使用节能型油料添加剂。在可能的情况下，考虑回收利用。节约油量节能型油料添加剂可有效提高机油的抗磨性能，减轻机油在高温下的氧化分解，防止酸化，防止积炭及油泥等残渣的产生，最终改善机油质量，降低机油消耗。由于受施工环境和条件的影响，施工机械设备的燃油浪费现象比较严重，如果能够回收利用，既环保又节能，一举两得。国内外研究表明，现在对燃油甚至余热的回收利用技术已经比较成熟。

（3）合理安排工序

进入施工现场后，要结合当地实际情况和公司的技术装备能力、设备配置等情况确定科学的施工工序，并根据施工图合理编制切实可行的机械设备专项施工组织设计。在编制专项施工组织设计过程中，要严格执行施工程序，科学安排施工工序，应用科学的计算方法进行优化，制定详细、合理、可行的施工机械进出场组织计划，以提高各种机械的使用率和满载率，降低各种设备的单位耗能。

3.3.3　生产、生活及办公临时设施节能措施

（1）存在的问题

施工现场生产、生活及办公临时设施的建造因受现场条件和经济条件的限制，一般多是因陋就简，往往存在下列问题：

1）规划选址不合理。由于没有比较严格的审批制度，建筑施工企业对临时设施的选址仅仅以方便施工为目的，有的搭设在基坑边、陡坡边、高墙下、强风口区域，有的搭建在地势低洼的区域，由于通风采光条件不好，场地甚至长期阴暗潮湿。

2）保温隔热性能差、通风采光卫生条件差，职工办公、生活条件艰苦。研究表明，夏季室外气温在38℃时，一些采用石棉瓦或压型钢板屋面的临时建筑，其室内温度达36℃以上，工人们要到夜间零点以后才能进入宿舍休息；在冬季，当室外气温在0℃时，室内气温在5~6℃左右，夜间寒冷难忍，往往采用明火取暖，这是引发火灾及一氧化碳中毒事故的重要原因。

3）为了方便施工和降低工程直接成本，建筑施工企业在临时建筑的围护材料选用方面比较随意，如采用油毛毡、彩条布、竹篱片等作围护材料，不仅保温隔热性能差，增加能耗，而且容易发生火灾事故。

（2）原因分析

1）思想上不够重视。建筑施工企业对临时建筑的重视程度不够，是产生上述现象的根源，主要表现在：受传统的基本建设制度影响较深，片面强调节约成本；"以人为本"思想淡薄；存在"临时"思想，认为使用时间短暂，不愿投入人力、物力和资金。

2）对临时设施节能认识不足。建筑施工企业往往只计算临时设施的一次投入，忽略了由于临时设施设计不当而在使用过程中所耗费的能源和资金。针对这一原因，有人提出临时设施应作为流动资产管理与核算，把"临时设施"科目提升为一级会计科目，临时设施建设、使用消耗、拆除、报废等均通过该账户核算，其清理净损益直接冲减或增加服务工程的施工成本。

3）缺乏施工现场临时设施设计技术标准，使得临时设施的设计和施工验收无章可循。很长一段时间以来，我国并没有出台针对施工现场临时设施设计及施工验收规范，致使施工企业特别是中小型企业对临时设施的建设得过且过。

（3）解决办法

2007年9月，住房和城乡建设部印发《绿色施工导则》，对生产、生活及办公临时设施的节能、环保提出了具体的要求，并要求各省、自治区建设厅，直辖市建委，国务院有关部门，结合本地区、本部门实际情况认真贯彻执行。

1）利用场地自然条件，合理设计生产、生活及办公临时设施的体形、朝向、间距和窗墙面积比，使其获得良好的日照、通风和采光。南方地区可根据需要在其外墙窗设遮阳设施。建筑物的体形用体形系数来表示，是指建筑物接触室外大气的外表面积与其所包围的体积的比值。它实质上是指单位建筑体积所分摊到的外表面积。体积小、体形复杂的建筑，体形系数较大，对节能不利；体积大、体形简单的建筑，体形系数较小，对节能较为有利。

我国地处北半球，太阳光一般都是偏南的，所以建筑物南北朝向比东西朝向节能，研究表明，东西向比南北向的耗热量指标约增加5％左右。

窗墙面积比为窗户洞口面积与房间立面单元面积（即房间层高与开间定位线围成的面积）的比值。加大窗墙面积比，对节能不利。故外窗面积不应过大。在不同地区，不同朝向的窗墙面积比应控制在一定范围。

2）临时设施宜采用节能材料，墙体、屋面使用隔热性能好的材料，减少夏季空调、冬季取暖设备的使用时间及耗能量。

新型墙体节能材料（如孔洞率大于25％非黏土烧结多孔砖、蒸压加气混凝土砌块、石膏砌块、玻璃纤维增强水泥轻质墙板、轻集料混凝土条板、复合墙板等）具有节能、保温、隔热、隔声、体轻、高强度等特点，施工企业可以根据工程所在地的实际情况合理选用，以减少夏季空调、冬季取暖设备的使用时间及耗能量。

3）合理配置采暖、空调、风扇数量，规定使用时间，实行分段分时使用，节约用电。

（4）临时设施中的降耗措施

1）施工用电

施工用电除施工机械设备用电外，就是夜间施工和地下室施工的照明用电，合理安排施工工序，根据施工总进度计划，在施工进度允许的前提下，尽可能少地进行夜间施工作业，可以降低电能的消耗量。另外，地下室大面积照明均使用节能灯，以有效节约用电。所有电焊机均配备空载短路装置，以降低功耗。夜间施工完成后，关闭现场施工区域内大部分照明，仅留四周道路边照明供夜间巡视，既降低了能耗，又减少了施工对周围环境的影响。

2）生活用电

针对施工人员生活用电的特点，规定宿舍内所有照明设施的节能灯配置率为100%；生活区夜间10点以后关灯，12点以后切断供电，由生活区门卫负责关闭电源，在宿舍和生活区人口挂牌告知；办公室白天尽可能使用自然光源照明，办公室内所有管理人员养成随手关灯的习惯；下班时关闭办公室内所有用电设备。这些都是建筑施工企业降低施工生活用电能耗的重要措施。冬季、夏季减少使用空调时间，夏季超过32℃时方可使用空调，空调制冷温度不小于26℃，冬季空调制热温度不大于20℃。施工人员为了贪图方便，经常使用大功率电热器具做饭、烧水或取暖，造成比较大的能量消耗，而且造成火灾事故的情况时有发生。为了禁止使用大功率电热器具，要求在生活区安装专用电流限流器，禁止使用电炉、电饮具、热得快等电热器具，电流超过允许范围时立即断电，并且定期由办公室对宿舍进行检查，如发现违规大功率电热器具，一律进行没收处理并进行相关处罚。

3.3.4 施工用电及照明

节约能源是我国一项重要的经济政策，而节约电能不但能缓解国家电力供应紧张的矛盾，也是建筑施工企业自身降低成本，提高经济效益的一项重要举措。在建设节约型社会的今天，建筑施工现场电能浪费仍很严重，同时也影响安全用电。随着国家现代化建设事业的发展，工程建设项目逐年增多，施工现场临时用电设施也随之增加。虽然住房和城乡建设部颁布的《施工现场临时用电安全技术规范》早在1988年10月1日就已正式实施，但从各施工工地的实际情况看，在临时用电方面还存在着许多问题。为了保障施工现场的用电安全，提高施工现场节能水平，加快施工进度，有必要加强对施工现场临时用电的管理，针对薄弱环节切实加以改进。

（1）建筑施工现场耗电现状

1）调查表明，建筑施工现场使用旧式变压器居多，甚至还有20世纪60年代的SJ系列老式变压器，其电能损耗大。而且建筑施工现场变压器的负荷变化大。建筑施工连续性差，周期变化大，同时与季节气候变化有关，用电有高峰有低谷。统计资料显示，工地变压器的年平均负荷一般都在50%以下，变压器的空载无功功率占到满载无功功率的80%以上，变压器在低负载时，输出的有功功率少，但使用的无功功率并不减少，功率因数降低。同时，在施工高峰期变压器超负荷运行，短路电能损耗大；在施工低谷期变压器长期轻负荷或空负荷运行，空载电能损失惊人。

2）电动机的负载变化大。建筑施工现场的电动机负荷变化很大，建筑机械用电量选择总以最大负载为准，实际使用时，往往处在轻载状态。电动机在轻载下运行对功率因数影响很大，因为感应电动机空载时所消耗的无功功率是额定负载时无功功率的60%～70%，加之建筑工地使用的电动机是小容量、低转速的感应电动机，其额定功率因数很低，约为0.7，就造成了电能的无功消耗较大。

3）建筑施工现场大量使用电焊机、对焊机以及各种金属削切机床，而这些设备的辅助工作时间比较长，占全部工作时间的35%～65%，造成这些设备处在轻载或空载状态下运行，从而浪费了部分有功功率和大量的无功功率。电焊机、点焊机、对焊机等两相运行的焊接设备，其感性负载功率因数更低。

4）建筑施工现场临时用电量的估算公式不尽合理，选择配电变电器容量大，不利于节约电能。

5）建筑施工现场的用电设备多是流动的，乱拉乱接的现象相当严重，使供电接线方式极不合理，线路过长，导线截面与负载也不配套，造成线路无功损耗增大，以致功率因数下降。

6）部分现场管理人员甚至个别领导对施工用电抱有临时观点，断芯、断股、绝缘层破损的旧橡皮线仍在工地上使用。在断芯、断股处往往产生电火花，消耗电能，也极易引起触电、火灾事故，给建筑施工企业造成不必要的经济损失和不良的社会影响。

7）建筑施工现场单相、两相负载比较多，加上乱接电源线现象严重，造成三相负载不平衡，中性点漂移，便产生了中性线电流，中性线电耗大。

8）建筑施工现场低压电源铝线与变压器低压端子的连接多不装铜铝过渡接线端子，直接将铝线绕在变压器铜质端子上，用垫圈、螺母紧固。显然，铝线与铜端子两种不同材质在接触处产生电化学腐蚀加之接触面积也不够，造成接触电阻加大而发热，消耗电能，由于连接不可靠往往造成低压停电，甚至引起火灾。

9）由于建筑施工现场管理不善，部分工地长明灯无人问津，白白浪费电能；建筑企业大量使用民工，一旦进入冬季，民工用电炉取暖也是屡见不鲜，浪费电能又不安全。

（2）施工临时用电的特点

建筑施工用电主要在电动建筑机械设备、相关配套施工机械、照明用电及日常办公用电等几方面。针对其用电特点，建筑施工临电配电线路必须具有采用熔断器作短路保护的配电线路。同时出于对安全性的考虑，要求施工现场专用的中性点直接的电力线路中必须采用 TN—S 接零保护系统。由于临电电压的不稳定性，临电配电箱负荷保护系统的设置也是必不可少的。对于施工现场及易引起火灾的特性，有施工现场照明系统的必须根据其实施照明的地点进行必要的设计。建筑施工用电的种种特性及其使用规定及要求，对建筑施工用电设计人员提出了一个艰巨的任务，同时作为建筑施工成本的一个重要组成部分，其节能已经成为现在建筑施工企业深化管理、控制成本的一个有力窗口。

（3）建筑施工合理线路铺设的设计

临时用电优先选用节能电线和节能灯具。采用声控、光控等节能照明灯具。电线节能要求合理选择电线、电缆截面，在用电负荷计算时要尽可能算得准确，电线、电缆截面与保护开关的配合原则一般是：对于 25A 以下的保护开关，电线、电缆载流量应大于或等于保护开关整定值的 0.85 倍。对于 25A 以上的保护开关，电线、电缆载流量应大于或等于保护开关整定值的 1 倍。

节约照明用电不能单靠减少灯具数量或降低用电设备的功率，要充分利用自然光，改善环境的反射条件，推广应用新光源和改进照明灯具的控制方式。

在施工灯具悬挂较高场所的一般照明，宜采用高压钠灯、金属卤化物灯或镇流高压荧光汞灯，除特殊情况外，不宜采用管形卤钨灯及大功率普通白炽灯。灯具悬挂较低的场所照明采用荧光灯，不宜采用白炽灯。照明灯具的控制可以采用声控、光控等节能控制措施。

（4）临电线路合理设计、布置，临电设备宜采用自动控制装置

在建筑施工过程的初期，要对建筑施工图纸系统地、有针对性地分析施工各地点的用电位置及常用电点的位置。根据施工需要进行用电地点及设备使用电源的路线铺设，在保证工程用电就近的前提下，避免重复铺设及不必要的铺设，减少用电设备与电源间的路

程，降低电能传输过程的损耗。

（5）照明设计以满足最低照度为原则，照度不应超过最低照度的20%

建筑施工前根据图纸分析，确定施工期间照明的设置，根据规定的照明亮度等，在合理减少不必要浪费的情况下，减少照明消耗。避免出现双重照明及照明漏点。

施工照明用电的设置应该合理安排施工工序，根据施工总进度计划，在施工进度允许的前提下，尽可能少地进行夜间施工。夜间施工完成后，关闭现场施工区域内大部分照明，仅留必要的和小功率的照明设施。

生活照明用电均采用节能灯，生活区夜间规定时间关灯并切断供电。办公室白天尽可能使用自然光源照明，办公室内所有管理人员养成随手关灯的习惯。下班时关闭办公室内所有用电设备。

（6）建筑施工配电箱设计问题分析

在建筑施工初期，即要对建筑施工图纸系统地、有针对性地分析施工地点各用电位置及常用电点的位置，设立供配电中间站，然后根据具体施工情况增加或减少配电点。在这里有一个安全性的问题需要注意，那就是配电箱的安全问题，必须遵守"三级控制、二级保护"，"一机一闸一箱一漏电"的安全原则，以保证施工人员的人身安全及施工现场的防火安全，减少不必要的损失。

（7）临时用电应采取的节电措施

1）正确估算用电量，选好变压器容量

在选择变压器容量时，既不能选得过大，也不能选得过小。建筑工地施工用电大体上分为动力和照明两大类，或分为照明、电动机和电焊机三大类。目前有关施工用电量估算的计算公式繁多，有的公式并不尽合理，往往计算负荷不是偏大就是偏小，与实际负荷相去甚远，造成电能的无功损耗比重加大。从诸多的计算公式中筛选出如下两种公式进行施工用电量的估算比较切合实际。

$$S_s = 1.05 \sim 1.10(K_1 \sum P_D / \cos\varphi + K_2 \sum S_h) \tag{1}$$

$$S_s = K_1 \sum P_D / \eta\cos\varphi = K_2 \sum S_h \tag{2}$$

式中　S_s——施工设备所需容量（kVA）；

$\sum P_D$——全部电动机额定容量之和（kVA）；

1.05～1.10——容量损失系数；

K_1——电动机需要系数（含有空载运行影响用电量因素），电动机在10台以内时取 $K_1 = 0.7$；11～30台以上时，取 $K_1 = 0.5$；

K_2——电焊机需要系数，电焊机3～10台时取 $K_2 = 0.6$；10台以上时，取 $K_2 = 0.5$；

$\cos\varphi$——电动机平均功率因数，施工现场最高取 0.75～0.78；一般建筑工地取 0.65～0.75。

η——电动机效率，平均在0.75～0.9之间，一般取0.86。

求得施工用电设备容量后，另加10%照明用电，即是所需供电设备总容量。

$$S_z \geqslant 1.10 S_s$$

根据施工用电经验得知，如果在一个计算公式里同时采用1.05～1.10和 η 两个系数，一般所选用的配电变电设备容量偏大，因此不宜同时使用这两个系数。

2）提高供电线路功率因数

一般来说，在交流电路中，电压与电流之间相位差（常用≠表示）的余弦叫作功率因数，即为 $\cos\varphi$。可见，功率因数是衡量电气设备效率高低的一个系数。功率因数低，说明电路用于交变磁场转换的无功功率大，降低了设备的利用率，增加了线路供电损失。所以，提高施工临时用电供电线路功率因数也是一项好的节电措施。

目前建筑工地供电线路功率因数普遍偏低，据调查，一般都在 0.6 左右，甚至更低。为了提高功率因数，可以从加强施工用电管理，尽量使用供电线路，布局趋于合理等方面采取措施；另一方面，在供电线路中接入并联电容器，采用并联电容器补偿功率因数以提高技术经济效益。

3）平衡三相负载

建筑施工工地由于单相、两相负载比较多，为了达到三相负载平衡，必须从用电管理制度着手，在施工组织设计阶段就必须充分调查研究，根据不同用电设备，按照负荷性质分门别类，尽量做到三相负载趋于平衡。用户接电必须向工地供电管理部门书面申请（注明用电容量和负荷性质），待供电部门审批后，方能接在供电部门指定的线路上。平日不经供电部门允许，任何人不得擅自在线路上接电。值得一提的是，平衡三相负载是一项基本不需要付出任何经济代价而能取得较大实效的节电技术措施。

4）降低供电线路接触电阻

接触对导体件呈现的电阻称为接触电阻，目前供电线路中，大量的是铝与铝及铜与铝之间的连接，增加了接触电阻。防止铝氧化简单而行之有效的办法是：在连接之前用钢丝刷刷去表面氧化铝，并涂上一层中性凡士林，当两个接触面互相压紧后，接触表面的凡士林便被挤出，包围了导体而隔绝了空气的侵蚀，防止铝的氧化。建筑工地上低压电源铝线与变压器低压端子连接大多不装铜铝过渡接线端子，往往将铝线直接箍在变压器铜质端子上用垫圈和螺母紧固即完。显然，因铝线与铜端子在接触处不断氧化，加之接触面积也常常不够，这样就造成接触电阻大而损耗大量电能。

近年来，一种行之有效的节电材料——DGl 型或 DJG 型电接触导电膏问世，其节电效果就进一步显著了，在接触表面涂敷导电膏，不仅可以取代电气连接点（特别是铝材电气连接点）装接时所需涂敷的凡士林，而且可以取代铜铝过渡接头及搪锡、镀银等工艺。

5）采用新技术、新装置，不断更新用电设备

这些装置主要包括配电变压器、电动机和电焊机。

从配电变压器考虑：电力变压器的功率因数与负载的功率因数及负载率有关。在条件允许的地方，最好采用两台变压器并联运行，或把生产用电、生活用电与照明分开用不同的变压器供电。这样可以在轻负载的情况下，将一部分变压器退出运行，以减少变压器的损耗。同时，对旧型号变压器进行有计划有步骤的更新，以国家重点推广的节能产品SL7、S7、S9 系列低损耗电力变压器来取代。在规划新的建筑工地变电所，亦应尽可能选用 SL7、S7、S9 等低损耗节能变压器。

从电动机考虑：电动机是建筑施工现场消耗无功功率的主要设备，一般工地电动机所需的无功功率在总用电功率的 50％ 以上，甚至高达总用电功率的 70％。目前建筑工地使用的电动机主要是 Y 系列和 Y2 系列，对新建项目应选用 YX、Y2—E 系列高效节能电动机，其总损耗平均较 Y 系列下降 20％～30％。

电动机的容量应根据负载特性和运行状况合理选择，应选用节能产品，如 Y 系列节能电动机。被国家列为淘汰的产品电动机应逐步更换为节能产品。目前正在运行的电动机，如负载经常低于 40％，则应予更换。对空载率高于 60％ 的电动机，应加装限制电动机空载运行的装置。建筑工地使用的电动机，"Y—△"自动转换节电器能提高电动机在轻载负荷时的功率因数和功率，从而达到节电的目的。

建筑施工现场使用的电动机，经常处于轻重载交替或轻载下运行，功率因数和效率都相当低，电能损耗比较大。因此，除电动机的容量应根据负载特性和运行状况合理选择外，还采取节电措施，对空载率高于 60％ 的电动机，应加装限制电动机空载运行的装置，JDI 型自动转换节电器能提高电动机在轻载时的功率因数和效率，节约有功电能 5％～30％，降低无功损耗 50％～70％；对工地用的水泵、通风机，由于流量变化较大，可采用变频调速节能等措施。

另外，一些电力电容器厂研制的交流电动机就地补偿并联电容器，为进一步推广低压电动机无功功率就地补偿技术创造了有利条件，也是当前适用于低压电网节能效果比较理想的一种实用技术。

从电焊机考虑：电焊机是工地常用的电气设备，由于间断工作，很多时间处在空载运行状态，往往消耗大量的电能。电焊机加装空载自动延时断电装置，限制空载损耗是一项行之有效的节电措施。据统计，对 17～40kV 交流电焊机，加装空载自动延时断电装置后，在通常情况下，每台焊机每天按 8h 计算，可节约有功电能 5～8kWh，节约无功电能 17～25kWh，其投资可在 1～2 年内从节电效益中得到补偿。

6）加强用电管理，减少不必要的电耗

要克服临时用电"临时凑合"的观点，选用合格的电线电缆，严禁使用断芯、断股的破旧线缆，防止因线径不够发热或接触不良产生火花，消耗电能，引起火灾。

临时用电必须严格按标准规范规定施工，安装接线头应压接合格的接线端子，不得直接缠绕接线，铜铝连接必须装接铜铝过渡接头，以克服电化学腐蚀引起接触不良。

施工作业小组搭接电源必须向工地供电管理部门书面申请（注明用电容量和负载性质），供电部门批准后，按指定线路和接线处搭接电源，不经供电部门允许，任何人不得擅自在供电线路上乱拉、乱接电源。

制定临时用电制度，教育职工随手关灯，严禁使用电炉取暖、做饭，严禁使用土电褥子，保证既节电又安全。

建筑施工现场电能浪费严重，目前大多数施工现场缺乏完善的节电措施。建筑企业应从临电施工组织设计开始，正确估算临电用量，合理选择电气设备，科学考虑设备线缆布置，重视临电安装，加强用电管理，快速地将施工现场电能浪费降到最小。

3.3.5 绿色施工的节能技术

1. 工人生活区 36V 低压照明

（1）技术内容

36V 低压照明是为了保障工人的生命财产安全，有效地减小生活区发生火灾的概率，运用两级变压将 380V 高压电依次降低为 220V、36V 后供给工人生活区满足日常照明。同时，为了满足工人降温及手机充电的需求，工人生活区另接通一条 220V 供电线路，采用镀锌套管保护，连接风扇与手机充电箱。为防止漏电事故的发生，每栋工人板房设置两个同步接地点。36V 低压照明应符合《供配电系统设计规范》GB 50052、《低压配电设计规范》GB 50054、《安全电压》GB 3805。

（2）环境效益

有效地控制工人生活区大功率用电器的使用，减少宿舍内乱拉乱扯现象，能很好地预防火灾的发生，保证工人的生命财产安全。

2. 限电器在临电中的应用

（1）技术内容

限电器的使用极大地降低了临舍用电安全的风险，它是由超负荷检测电路、延时检测电路、报警发声电路及桥式整流稳压电路组成的。限电器的工作电路图如图 3-1 所示。

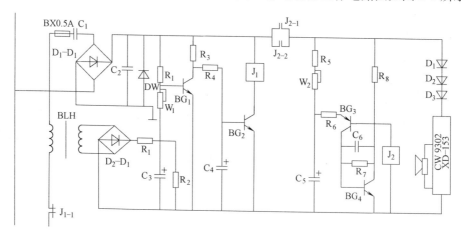

图 3-1　限电器的工作电路图

当用户的用电超负荷时，流过电抗变换器 LH 初级的电流增加，LH 的次级电压随之提高，经整流后，R_3 两端的电压降 UCA 上升，使 BG_1 基极电位下降，即反向偏压起作用，导致 BG_1 由导通变截止，BG_2 基级电位升高，由截止变导通，J_1 得电动作，其上常开触点 J_{1-1} 闭合，使 12V 直流电源加在延时检测与报警电路上，发出报警声响，警告用户减轻用电负荷。此时，12V 电源通过电阻 R_6、电位器 W_2 向电容 C_5 充电，由于 C_2 两端电压不能突变，刚开始时 BG_3 的发射极电位低于基极电位，BG_3、BG_4 均截止，12V 电源经电阻 R_8 加到继电器 J_2 线圈上，J_2 吸合，其常开触点 J_{2-1} 闭合，形成自保，而常闭触点 J_{2-2} 断开，切断电源，停止向用户供电。如果 C_5 上的充电电压上升到 BG_3 的发射极电位高于基极电位时，BG_3、BG_4 立即导通，使流过 J_2 的电流旁路，J_2 释放，J_{2-2} 闭合，电网向用户供电；J_{2-1} 断开后部电路电源，延时检测及报警均停止工作。当 J_{2-2} 闭合后，若用户电量仍处在超负荷状态，上述过程将重复发生，这样便实现了每隔一定时间检测一次，直至超负荷降到规定负荷，电网才能正常供电。

限电器使用应符合《施工工地安全用电技术规范》等国家现行相关标准及相应技术规范。

（2）环境效益

限电器有效地解决用电浪费的问题，从而达到绿色环保、低能高效的目的。有效地避

68

免了因使用违章电器产生火灾的风险，同时为工人生产生活提供一个安全未定的环境。

3. LED临时照明技术

（1）技术内容

LED临时照明使用声光控制延时开关和时间控制开关，科学、人性化的实现灯具的开启和关闭时间，更节能，同时有效缩短灯具使用时间，提高使用寿命，减小维护成本。整个配管、穿线、灯具等的安装施工质量执行《建筑电气工程施工质量验收规范》GB 50303。

（2）环境效益

LED施工灯能耗低，减少对电能的消耗，目前发电厂多为火力发电，采用低能耗灯具，可以有效减少能耗，减少对环境的污染。

4. 太阳能路灯节能环保技术

（1）主要技术内容

太阳能作为一种取之不尽、用之不竭的安全、环保新能源，在工程施工中越来越重视绿色环保技术应用的今天，合理利用太阳能对提升工地形象、塑造施工人员绿色环保节约意识有极大帮助。太阳能路灯是利用太阳能电池板，白天接受太阳辐射能并转化为电能经过充放电控制器储存在蓄电池中，夜晚当照度逐渐降低，充放电控制器侦测到照度降低到特定值后蓄电池对灯头放电。在工程使用过程中选用太阳能专用大功率LED路灯，采用大功率的LED芯片发光，LED芯片是高性能的半导体材料，发光效率高，实际的使用寿命可达5万h以上，每瓦的光通量可达100lm以上，高效节能，免维护。

太阳能路灯因其具有不受供电影响，不用开沟埋线，不消耗常规电能等特点，体现了节能技术，并只需一次投入，可以使用5~6年左右，施工现场30W大功率LED节能路灯的亮度就可以达到普通钠灯或白炽灯200W的亮度。按当地日均有效光照4h以上计算，放电时间便可达到10h，满足现场施工需要。施工现场路灯高3m，价格为450元一台，而类似的普通路灯价格在350元左右。如果按照一个施工现场需20盏路灯每天照明8h持续1年的时间来计算太阳能路灯与同等亮度的普通路灯投入费用对比如表3-12所示（施工用电电费按每度0.85元计算）。

太阳能路灯与同等亮度的普通路灯投入费用对比　　　　表3-12

路灯类型	数量	时间	路灯价格	一年电费	合计投入
太阳能路灯	5	1年	3000	0	3000元
普通路灯	5	1年	800	2880	3680元

由表3-12可以看出，太阳能路灯节约成本效果明显，且因其一次性投入，安装数量越多，持续时间越长，其经济效果越显著。

（2）环境效益

太阳能路灯具有两大特点：1）节能环保。使用太阳能时不会污染环境，它是最清洁能源之一，不会排放出任何对环境不良影响的物质，是一种清洁的能源。在越来越注重绿色环保施工的今天，这一点是极其宝贵的。2）安全。由于不使用交流电，而且采用蓄电池吸收太阳能，通过低压直流电转化为光能，是最安全的电源。其不使用现场施工用电，故不需在现场挖沟埋电缆线和穿线，减少现场施工用电触电危险，满足了施工需要。

5. 现场塔吊镝灯定时控制技术

（1）技术内容

塔吊镝灯定时控制技术主要是在控制塔吊镝灯开关箱内增加时间继电器及时控开关两个主要元器件。时间继电器的主要功能是作为简单程序控制中的一种执行器件，当它接受了启动信号后开始计时，计时结束后它的工作触头进行开或合的动作，从而推动后续的电路工作。时控开关是一个电源开关控制装置，能以天或星期循环且多时段的控制设备的开闭。这种方法既可以手动调节控制，也可以设置自动控制，同时可以设置多个时间段来控制塔吊镝灯的开关，操作方便、控制安全。以往塔吊镝灯的开、关都需要专人控制，利用定时控制技术后有效地节省了开、关灯的人工，避免了管理不到位造成的浪费，尤其适用于面积大、塔吊多的施工现场。

现场塔吊镝灯定时控制应符合《施工现场临时用电安全技术规范》JGJ 46—2005 和《建筑照明设计标准》等国家现行相关标准和应用技术规程的规定。

（2）环境效益

施工现场塔吊镝灯使用定时控制技术，既节省了电能，又降低了投资，但对于发电厂来说，很多发电厂主要依靠火力发电，电能是通过热能转化而来，这样施工现场节约了电能也就是发电厂节省的电能，从而节约了煤炭的使用，降低了二氧化碳的排放，从根本上解决了资源的浪费问题和环境的污染问题。

3.4 节水与水资源利用技术及其应用

随着人口增长和经济社会的发展，水资源的需求量也在增加，水资源供求矛盾日益突出。水资源的短缺及水环境的污染问题已成为全球关注的热点，2001 年 8 月 28 日在南非约翰内斯堡举行的联合国可持续发展首脑会议上，全体与会代表一致通过将水危机列为未来 10 年人类面临的最严重挑战之一。可见，水资源犹如"21 世纪的石油"，也成了人类在 21 世纪面临的又一大挑战。

相关资料显示，我国河川径流量达 27115 亿 m^3，地下水资源量 8288 亿 m^3，扣除两者之间的重复计算水量 7279 亿 m^3 后，全国多年平均水资源总量为 28124 亿 m^3，居世界第六位（不包括台湾省为 27460 亿 m^3），总量并不少。但由于我国人口众多、耕地绝对数量大，以 1994 年人口和实际耕地面积计，全国人均水量约 2300m^3，不到世界平均水平的 1/5，亩均水量 1378m^3，约为世界平均水平的 2/3。而且，我国多年平均年降水量为 6.19 亿 m^3，平均年降水深 648mm，低于全球陆面（834mm）和亚洲陆面（740mm）的年降水深。更令人无奈的是，降水量中的 56.2% 被植物蒸腾、土壤和地表水体蒸发所消耗，只有 43.8% 形成径流。

此外，我国的水土资源在空间上的匹配极不平衡：南方耕地占全国总耕地的 2/5，而水资源占全国的 4/5；北方耕地占全国的 3/5，并且可耕后备荒地主要分布在北方，而水资源只占全国的 1/5。北方地区水资源不足已经成为农业增产的主要制约因素，也成为影响我国农业经济的一大瓶颈。加上多年来在经济较发达的东部特别是东南部地区耕地持续减少、北方耕地的开垦量持续增加的现状，我国水土资源的空间匹配变得更加失衡，加剧了水资源保障压力。另外，生态环境退化特别是森林面积的缩小，减弱了森林蓄涵水量的生态功能，加之我国降水暴雨多、季节集中，更是大大减少了洪水期水资源的可利用量。

联合国开发署公布的《2002年中国人类发展报告：使绿色发展成为选择》指出："中国目前有将近7亿人得不到安全的饮用水，日趋增加的水需求正使水资源承受巨大的压力，环境污染已经严重阻碍甚至逆转国家在经济建设中取得的骄人成就的进步"。由以上资料可以看出，我国不但是水资源十分匮乏，而且形势较为严峻。

水是经济社会发展不可缺少的战略物资，经济社会可持续发展必须以水资源的可持续利用为支撑。使水资源可持续利用的条件主要有以下几个方面：

第一，水资源利用要遵循自然资源的可持续性法则，即在使用生物和非生物资源时，要使其在数量和速度上不超过它们的恢复再生能力，并以其最大持续产量为最大限度作为其永续供给的最大可利用程度，来保证再生资源的可持续性永存。人们在开发和利用水资源时，只有遵循上述自然资源可持续性法则，才能保证水资源的可持续利用，否则水资源的可持续性就要受到破坏。

第二，水资源的开发利用不能超过"水资源可利用量"。水资源是指可利用或可能被利用的水源，它具有可供利用的数量和质量，并且是在某一地点为满足某种用途而可被利用的。一般意义上的水资源，是指能通过水循环逐年更新的，并能够为生态环境和社会经济活动所利用的淡水，包括地表水、地下水和土壤水。但是，一方面由于多个因素作用下的自然条件具有多变性，另一方面是因为人类对水资源的开发利用能力受经济和技术水平的限制，实际可利用的水资源数量应该会小于水资源量，再加上经济社会发展必须与水资源承载能力相协调等因素的影响，通过水文系列评价计算出的某一特定流域或地区的年平均水资源量一般不会等同于该流域（或地区）水资源的实际可利用量。

第三，水资源的开发利用程度要在水资源的承载能力范围之内。水资源承载能力是指流域（或地区）的水资源可利用量对某一特定的经济和社会发展水平的支撑能力。对某一流域（或地区）而言，在特定的经济和社会发展水平下，水资源的承载能力是相对有限的。这是因为，人口增长、城市化水平的提高、产业结构的调整等因素都会引起用水结构和用水方式的改变，从而引起用水总量的变化，最终导致水资源承载能力的变化。

3.4.1　水资源利用现状及问题

如前所述，我国人均水资源量为2220m³，只占世界人均水平的1/4。据预测，到2030年我国人口将达到16亿，人均水资源量也将下降到1760m³，接近国际公认的用水紧张标准。可见，水资源短缺问题将会成为我国国民经济发展的一大制约因素。另一方面，我国工业万元产值耗水量平均为136m³，是发达国家的5~10倍；农业灌溉水的利用系数平均仅有0.45，发达国家则达0.7~0.8；全国多数用水器具和自来水管网的浪费损失在20%以上。这些数字又告诉我们，我国工业、农业等各部门的水资源浪费问题也不容忽视。为提出有效的节水和提高水资源利用效率的措施，首先将我国水资源的利用现状及问题作如下总结：

（1）水资源供求矛盾加剧

随着人口的持续增长、经济的高速发展、工农业和人民生活用水的持续增加，目前存在的水资源供求矛盾更趋激化。其主要表现在：①需水量增长速度超过供水量的增长速度，导致供求总量不平衡现象加剧，供水状况趋于恶化；②北方地区和沿海工业发达地区等地域性水资源供求矛盾的加剧，将严重制约社会经济的发展；③巨大的人口压力迫使耕地灌溉用水量持续增加，而工业城市用水量也与日俱增，加剧了部门用水的矛盾。

（2）水价太低，浪费惊人，利用效率不高

首先，我国水价太低，没有反映水资源的稀缺程度。据统计，我国水费仅占工业产品成本的 $0.1\%\sim0.3\%$，占消费支出的 0.23%，全国农业用水平均水价仅占供水成本的 $50\%\sim60\%$。由此比例推算，2005 年我国万元 GDP 用水量约为 $304m^3$（当年价），而发达国家的万元 GDP 用水量一般在 $100m^3$ 以下。如果再考虑购买力等因素的话，我国的万元 GDP 用水量则约为发达国家的 $5\sim10$ 倍。另一方面，由于水质要求的提高，相应的设施改造、升级成本的增加，使企业经营压力大，常年亏损，形成成本价格倒挂的局面。

其次，我国各行业用水量持续增长，浪费大得惊人。主要表现在：①我国正处于工业化初期阶段，生产设备陈旧，生产工艺落后，工业结构中新兴技术产业比重偏低，加上管理水平较低，绝大多数地区的工业单位产品耗水率高，且水的重复利用率低。据统计，我国的用水总量和美国相当，但 GDP 仅为美国的 $1/8$；工业用水的重复利用率为 $30\%\sim40\%$，而发达国家为 $75\%\sim85\%$。②农业灌溉技术落后，用水量大，水的利用系数较低。我国农村仍然习惯于大水漫灌的灌溉方式，新的灌溉技术推广进展缓慢。据推算，我国农田灌溉用水量 3200 多亿 m^3，$1m^3$ 水产粮平均为 $1kg$ 左右，而发达国家 $1m^3$ 水产粮平均在 $2kg$ 以上。不少学者研究指出，我国的农业用水若能采取有效节水措施，可望节约用水量近 1000 亿 m^3，潜力巨大。此外，很多资料表明，在我国城市建设、农村建设的过程中，除去正常的生活用水外，反复利用于施工过程中的水量很少。

（3）水资源过度开发造成对生态环境的破坏

据资料显示，1997 年全国水资源的开发利用率为 19.9%，不算很高，但地区间的水资源开发利用率分布很不平衡，有些内陆河的开发利用率超过了国际公认的合理限度 40%。比如，北方地区，除松花江区外，各流域的水资源开发利用程度在 $40\%\sim101\%$ 范围内，其中海河区当地水源供水量已连续多年超过平均水资源量。黄河、淮河、西北诸河区和辽河流域的开发利用量，已越来越接近其开发利用的极限，水资源的过度开发利用已引发了一系列生态环境问题。事实证明，只有保持水资源补充和消耗平衡，才能确保水资源的可持续利用和生态平衡。滥开滥采、过度利用，会在一定地域范围内影响水环境乃至整个生态环境的平衡，进而加剧该地域范围内的水资源短缺局面。例如，由于地下水的持续超采，我国华北地区形成了世界上最大的"地下水漏斗"。伴随地下漏斗的形成，还可能引发如下所述的一系列环境问题：①铁路路基、建筑物、地下管道等下沉开裂，堤防和河道行洪出现危机；②单井出水量减少，耗电量增加，采水成本逐年提高；③浅井报废，井越打越深，形成恶性循环；④海水入侵，地下水质恶化；⑤城区地面下沉，影响城市建设等。

（4）水质污染严重

施工现场产生的污水主要包括雨水、污水两类，其中污水又分为生活污水和施工污水。传统的水资源管理是指在计划经济基础上的分块管理。该管理模式的缺陷主要体现在：管水源的不管供水，管供水的不管排污，管排污的不管治污，管治污的不管回用，施工现场的水资源利用率低下等方面，从而导致严重的施工水体污染及浪费问题。

显而易见，在社会用水效率不高、用水浪费的现象普遍存在、开源条件有限的情况下，要保障和实现水资源的可持续发展，唯一的出路就是要不断提高用水效率，向效率要资源。把提高用水效率、保障国民经济和社会可持续发展摆在突出位置，是在贯彻党的十五届三中全会治水方针，立足我国水情，着眼未来发展的基础上提出的一项高瞻远瞩又切实可行的水资源战略，是党在新时期的治水思路的重要组成部分，是水利工作的关键所在。

3.4.2 提高水资源利用率

要实现水资源的可持续利用，必须依靠科学的管理体制和水网的统一管理。能否实现水资源可持续利用，主要取决于人类生产、生活行为和用水方式的选择，关键是强化水资源的管理和开发。因此，为解决日益严重的缺水和水污染问题，当务之急是加强水资源的统一管理问题，即从水资源的开发、利用、保护和管理等各个环节上综合采取有效的对策和措施。

要提高用水效率（即提高单方水的生产率），当前现实可行的途径就是在全社会，包括农业、工业、生活等各个方面，广泛推行节水措施，积极开辟新水源，狠抓水的重复利用和再生利用，协调水资源开发与经济建设和生态环境之间的关系，加速国民经济向节水型方向转变。

（1）将节约用水和合理用水作为水管理考核的核心目标和一切开源工程的基础。当前节水的奋斗目标为：①农业应减少无效蒸发、渗漏损失，提高单方水的生产率，达到节水增产双丰收；②工业应通过循环用水，提高水的重复利用率，达到降低单位产值耗水量和污水排放量；③城市应积极推广节水生活器具，减少生活用水的浪费。可见，要实现当前的节水目标，保证在农业、工业和民用部门实行有效的水资源管理，就要将节水和合理用水作为一项基本国策，并在必要时采取水资源的审计制度。同时，农业、工业和民用部门的水资源有效管理模式，还可以被施工领域的水资源管理工作效仿，从而推进施工领域水资源有效管理体制的形成。

（2）在施工过程中采用先进的节水施工工艺。例如，在道路施工时，优先采用透水性路面。因为不透气的路面很难与空气进行热量、水分的交换，缺乏对城市地表温度、湿度的调节能力，容易产生所谓的"热岛现象"。而且，不透水的道路表面容易积水，降低了道路的舒适性和安全性。透水路面可以弥补上述不透气路面的不足，同时通过路基结构的合理设计起到回收雨水的作用，同时达到节水与环保的目的。因此，在城市推广实施透水路面，城市的生态环境、驾车环境均会有较大改善，并能推动城市中雨水综合利用工程的发展。

（3）施工现场不宜使用市政自来水进行喷洒路面和绿化浇灌等。对于现场搅拌用水和养护用水，应采取有效的节水措施，严禁无措施浇水养护混凝土。在满足施工机械和搅拌砂浆、混凝土等施工工艺对水质要求的前提下，施工用水应优先考虑使用建设单位或附近单位的循环冷却水或复用水等。

（4）施工现场给水管网的布置应该本着管路就近、供水畅通、安全可靠的原则。在管路上设置多个供水点，并尽量使这些供水点构成环路，同时考虑不同的施工阶段，管网具有移动的可能性。另外，还应采取有效措施减少管网和用水器具的漏损。

（5）施工现场的临时用水应使用节水型产品，安装计量装置，采取针对性的节水措施。例如，现场机具、设备、车辆冲洗用水应设立循环用水装置；办公区、生活区的生活用水应采用节水系统和节水器具，提高节水器具配置比率。

（6）施工现场建立雨水、中水或可再利用水的搜集利用系统，使水资源得到梯级循环利用。如施工养护和冲洗搅拌机的水，可以回收后进行现场洒水降尘。

（7）施工中对各项用水量进行计量管理。具体内容包括：①施工现场分别对生活用水与工程用水确定用水定额指标，并实行分别计量管理机制；②大型工程的不同单项工程、不同标段、不同分包生活区的用水量，在条件允许的条件下，均应实行分别计量管理机制；③在签订不同标段分包或劳务合同时，将节水定额指标纳入合同条款，进行计量考核；④对混凝土搅拌站点等用水集中的区域和工艺点进行专项计量考核。

（8）充分运用经济杠杆及政府部门的调节作用，在整体上统一规划布局调度水资源，从而实现水资源的长久性、稳定性和可持续性。这就需要加强水资源的统一管理。首先，打破目前"多龙"管水、部门分割、各行其是、难以协调、部门效益高于国家利益的格局，建立权威的水资源主管部门，加强对水资源的统一管理，将粗放型水管理向集约型转变，将公益型发展模式向市场效益型转移。只有管好、用好、保护好有限的水资源，才能解决中国水资源的可持续开发利用问题。其次，采取加强节水知识的宣传教育、征收水资源费、调整水价、实行计划供水、用水许可制度等行政、法律和经济手段，有力地推动节水工作的开展。

值得一提的是，单凭以上几点节水措施是远远不够的，还要建立节水型的社会，关键不是建筑节水技术的问题，而是人们的节水意识和用水习惯。因此，应该大力倡导人们将淡水资源视为一种珍稀资源，节约用水，促使人们真正有效地树立良好的节水观念。

3.4.3 非传统水源利用

（1）非传统水源的概念及种类

过去为提高供水能力，先是无节制地开发地表水，当江河流量不够时，就接着筑水坝修水库；在地表水资源不足的情况下，人们又转向对地下水的开采；当发现地下水水位持续下降和地表水逐渐枯竭后，又开始了远距离调水工程。当发现，由于无节制的开发地表水，现在很多河流已出现季节性断流现象；由于地下水的超采，地下水位下降，地下水质退化，城市地面塌陷，沿海城市海水入侵等问题日益突出；远距离调水除面临基建投资和运行费用高昂，施工、管理困难等难题外，还面临着生态影响这一重要问题等一系列生态环境及经济负担问题时，我们会意识到这种着眼于传统水资源开发的传统模式，带给我们的后果是那么的令人心痛。

由此可知，要想实现水资源能够可持续利用，必须改变既有的水资源开发利用模式。目前，世界各国对水资源的开发和利用已经将重点转向了非传统水资源，非传统水资源的开发利用正风起云涌。

非传统水资源的开发利用本是为了弥补传统水资源的不足，但已有的经验表明，在特定的条件下，非传统水源可以在一定程度上替代传统水资源，甚至可以加速并改善天然水资源的循环过程，使有限的水资源发挥出更大的生产力。同时，传统水资源和几种非传统水资源的配合使用，还往往能够缓解水资源紧缺的矛盾，收到水资源可持续利用的功效。因此，根据当地条件和技术经济现状确定开发利用水资源的优先次序，采用多渠道开发利用非传统水资源来达到金钱与效益双赢目的的水资源开发利用方法，近年来一直受到世界各国的普遍关注。

非传统水资源包括雨水、中水、海水、空中水资源等。这些水资源的突出优点是可以就地取材，而且是可以再生的。比如，美国加州建设的"水银行"，可以在丰水季节将雨水和地表水通过地表渗水层灌入地下，蓄积在地下水库中，供旱季抽取使用。我国西北部的农田水窖亦如此。再如，在美国、日本、以色列等国，厕所冲洗、园林和农田灌溉、道路保洁、洗车、城市喷泉、冷却设备补充用水等，都大量使用中水。还有，海水用作工业冷却水、生活冲厕水等。再者，海水经过淡化后还可以用作生活饮用水。另外，对于降雨极少和降雨过于集中的地区，在适当的气候条件下进行人工降雨，将空中的水资源化作人间的水资源，也不失为开发水资源的又一条有效途径。可见，根据当地条件合理开发利用各种非传统水资源，可以有效缓解水资源的紧缺现状。

（2）非传统水源在施工中的利用

随着水资源短缺和污染问题的日益突出，我国也越来越感觉到问题的严重性，由此在积极采取措施控制水污染和提高用水效率的基础上，加速非传统水源的开发和利用将是缓解水资源短缺的最有效手段之一。为此，为加大非传统水源在施工中的利用量，促进非传统水源在施工领域的开发利用，《绿色施工导则》中特明确提出要力争施工中非传统水源和循环水的再利用量大于30%。本节就从各种非传统水源的来源、可利用性等方面来探讨施工中非传统水源的利用措施。

1）微咸水、海水利用

首先，我国具有优越的海水利用条件，但与发达国家海水利用量相比，我国海水利用量极少。

我国有18000多千米的大陆海岸线，大于$500km^2$的岛屿有6500多个，具有海水淡化和海水直接利用的有利条件。我国一些经济较为发达的沿海城市，如青岛、大连，在利用海水方面也有一定的经验，其他沿海城市也开始利用海水替代淡水，解决当地淡水资源不足问题。但与发达国家相比，我国海水利用量仍然较少。据资料显示，1985年美国海水利用量已达823亿m^3，1982年日本海水利用量已达160多亿m^3，现在发达国家沿海工业的海水利用量已达90%以上。如果我国也能充分利用优越的海水资源条件，大力开发利用海水资源，将可以大大缓解滨海城市的缺水问题。同时，若能在施工中充分利用城市污水和海水，变废为宝，也将会是一笔很丰厚的财富。

目前，我国海水利用方面的主要问题有：①海水淡化产业规模小，海水淡化成本较高。海水淡化的成本已降到目前的5元/t，但相对于偏低的自来水价格而言，仍然偏高，这是制约海水淡化发展的最直接和最主要因素。总体上讲，海水淡化产业化规模不够、市场需求量不大与较高的海水淡化水成本形成互为因果的恶性循环。②与发达国家相比，我国海水利用及其技术装备生产缺乏相对集中和联合，技术攻关能力弱，低水平重复引进、研制多，科研与生产脱节现象严重。据资料显示，我国海水淡化日产量仅占世界的0.05%；海水作冷却水用量仅占世界的4.9%；海洋化学资源综合利用的附加值、品种和规模等方面与国外都有较大的差距。③由于自来水价格比淡化海水价格要低，加上多年来我国海水利用的推广力度不够，没有明确的法律法规的约束，致使有条件利用海水的地区往往不会优先利用海水。

我国不少平原和盆地的微咸水储藏量较大，但微咸水的开发利用还未受到足够的重视。据悉，我国北方滨海平原和内陆盆地平原腹部矿化度大于29/L的微咸水及咸水面积有近 30 万 km²，水量有 140 亿 m³。若根据施工现场的要求，将咸淡水混合利用，适当交替使用淡水和微咸水，不但可以弥补淡水资源的不足，还可以促进缺水地区农业生产的发展。再次，我国的矿井水资源利用量也较低。据资料显示，目前我国每年矿井水排出量超过 20 亿 m³，而矿井水的利用率平均仅为 22%。

2）雨水利用及中水回用

"中水"起名于日本，"中水"的定义有多种解释，在污水工程方面称为"再生水"，工厂方面称为"回用水"，一般以水质作为区分的标志。主要是指城市污水或生活污水经处理后达到一定的水质标准，可在一定范围内重复使用的非饮用水。但是，利用再生废水的过程中，必须要注意水质的控制问题，需防止因为水质达不到要求而造成的不良影响。

① 中水回用中存在的问题

首先，我国中水回用工程的起步晚，至今仍没有系统的规划及完善的中水系统，且现有的中水系统往往存在运行不正常、水质水量不稳定的现象。究其原因主要是由于工艺、设备不过关，而且对系统的运行管理水平不高，致使出现问题时不能及时解决，从而使水质、水量发生较大的波动，甚至停产。

其次，在实际工程中使用中水，并不比使用城市给水更经济。据调研发现，现有运行的中水设施普遍存在设施能力不能充分利用、运行成本过高的现象，有的总运行成本甚至高达 11.37 元/m³，且其平均总运行成本也达 3.24 元/m³。这就使价格问题成为推广中水回用的主要制约因素。当然，当前水价偏低也是造成中水回用成本相对较高，从而难以推广的重要因素之一。

再次，中水回用水质标准太高。目前我国建筑中水回用执行的水质标准是现行的《生活杂用水水质标准》，该标准中总大肠菌群的要求与《生活饮用水卫生标准》相同，比发达国家的回用水水质标准及我国适用于游泳区的Ⅲ类水质标准还要高。这一方面会使许多现有中水工程不达标，同时也限制了建筑中水工程的推广和普及。

此外，人们对中水的认识存在误区，认为中水"不洁"。很多人对中水的卫生性、安全性等存有顾虑，在心理上无法接受中水，从而影响了中水的推广和普及。

② 发展前景

首先，中水的水源较广，对建筑中水而言，其水源一般包括盥洗排水、沐浴排水、洗衣排水、厨房排水和厕所排水等，故基于城市缺水现状，中水回用工程是可以快速解决缺水问题的有效方法。

其次，中水回用既可以减少环境排污量及环境污染，又能减少对水资源的开采，具有极高的社会效益和环境效益，对我国国民经济的持续发展具有深刻的意义。

此外，根据水利部《21 世纪中国水供求》分析，2010 年后中等干旱年的缺水量将达 318 亿 m³，到 2030 年我国将缺水 400 亿~500 亿 m³。由此可见，积极开发和应用投资省、见效快、运行成本低的中水回用处理技术，已经凸显为确保社会经济可持续发展的重大课题。因此，我们有理由相信，在政策的正确引导下，合理调整城市给水和中水的价格关系，中水回用技术将会有越来越广阔的应用前景，中水工程的发展也一定能为缓解城市用水压力作出突出贡献。

中水工程的发展需要以技术上的可靠性和经济上的合理性为前提条件。根据中水水源的不同，将其他地区中水回用的成功经验总结如下：

① 优先采用中水搅拌、中水养护，有条件的地区和工程注重雨水的收集和利用。

雨水作为非传统水源，具有多种功能。例如，可以将收集来的雨水用于洗衣、洗车、冲洗厕所、浇灌绿化、冲洗道路、消防灭火等，这样既节约现有水资源，又可以缓解水资源危机。另外，雨水渗透还可以增加地下水，补充涵养地下水源，改善生态环境，防止地面沉降，减轻城市水涝危害和水体污染。

在我国，降雨在时间和空间上的分布都很不均匀，如果能采取有效措施，将雨季和丰水年的水蓄积起来，既可以起到防洪、防涝的作用，又可以解决旱季和枯水年的缺水之苦。但是，目前我国雨洪利用技术的发展还处在探索阶段，雨水大部分由管道输送排走，只有少量雨水通过绿地和地面下渗，这样不但不能使雨水得到有效利用，还要为雨水的排放耗费大量的人力、物力。同时，还对城市水体和污水处理系统造成巨大压力。

国外对雨水的蓄积和利用的研究及应用已经有多年的历史，并取得了许多明显的成效。总结其蓄积和利用两方面的成功经验，大致可以归纳为以下几种。

从雨水蓄积方面来讲，其有效措施主要有：A. 雨水蓄积设施应注重大、中、小相结合的方式；B. 在城市和农村均发展雨水利用工程；C. 在有条件的地方，发展地面水和地下水的联合调蓄。比如，美国加州建立的水银行，就是利用地下蓄水层形成大型的蓄水库，在雨季将雨水或从远距离调来的地表水灌入地下，旱季则从地下抽出使用。

雨水利用方面的成功经验，可以总结为：A. 雨水利用首先考虑雨水渗透与城市景观、广场、绿地及非机动车道路的规划设计相结合，并注重多种渗透技术综合利用。比如：在广场、停车场及非机动车道路采用透水铺装材料，埋地雨水管选用兼具渗透和排放两种功能的渗透管或穿孔管，设置与道路、广场相结合的下凹式绿地，采用景观贮留渗透水池、屋顶花园及中庭花园、渗井等技术措施，最大限度地增加雨水渗透量，减少径流雨量。B. 在大型施工现场，尤其是雨量充沛地区的施工现场，建立雨水收集利用系统，充分收集自然降水用于施工和生活中适宜的部位。如：a. 通过雨落管、道路雨水口等或直接将降落至屋面、硬质地面的雨水排入绿地或透水性铺装地面，以补给地下水，也可以将其收集到雨水收集管线中。b. 优先采用暗渠及渗水槽系统进行雨水收集和处理，且渗水槽内宜装填砾石或其他滤料。C. 在收集系统中设置雨水初期径流装置和雨水调节池，经过初期径流池除去受污染较重的初期径流，进行沉淀和处理。处理后的雨水，可结合中水系统用于冲厕、洗车、空调、消防等，也可单独用于场地、道路冲洗，还可用于景观水体补水，多余雨水径流溢流至市政管网直接排放。

多种雨水利用的实例还告诉我们，在雨水利用过程中，一定要注重水质的达标问题，能保证处理后的雨水水质可以达到相应用途的水质标准。而且，在雨水作为景观水体补水时，应在水系统规划中综合考虑水体平面高程、竖向设计、水深等因素，科学确定水体规模和水量平衡，同时，还应加强水体的自净能力，以确保水生态系统的良性循环发展。

② 施工现场要优先采用城市处理污水等非传统水源进行机具、设备、车辆冲洗、喷洒路面、绿化浇灌等。

据统计，1993 年，我国城市和工业用水已超过 1100 亿 m^3，扣除电力工业用水（按 70% 计算），废污水排放量也达到 577 亿 t，即每天进入河道的废污水接近 1.6 亿 t。2005 年，我国城市和工业用水高达 1666 亿 m^3，废污水排放量达到 717 亿 t，即每天进入河道的废污水已接近 2 亿 t。而且，这些污废水一般被直接排入市政污水管网，不但浪费了大量水资源，还大大增加了市政管网系统的排污压力。21世纪，我国的城市和工业用水量仍在继续增加，如果仍然将城市污水直接放入河道而不采取任何处理措施的话，我国水资源短缺及污染问题将会进一步加剧。

若能将这些污水加以处理，变废为宝，使其达到环境允许的排放标准或污水灌溉标准，并广泛用于农业灌溉，施工机具、设备、车辆冲洗，路面喷洒，绿化浇灌等，不但起到治理水体污染的作用，还可以起到增加水源、解决农业缺水问题。

3）中水利用的经济价值

雨水、污水处理作为中水水源，无疑增加了处理设施建设费、运行费和管道铺设费。但从长远来看，中水回用在经济方面也具有许多优越性，具体表现为：

① 中水就近回用，缩短了运输距离，还可以减少城市供水和排水量，进而可以减轻城市给水排水管网的负荷，对投资总量而言是较为经济的。

② 以雨水、污水作为水源，其开发成本比其他水源的开发成本低。据资料统计，中水处理工程造价约为同等规模上、下水工程造价的35%～60%。

③ 中水管道的维护管理费用要比上、下水管道的维护管理费用低。这是因为，虽然随着上、下水价格的提高，中水的成本逐步接近上、下水费，但是，使用$1m^3$的中水就相当于少用$1m^3$的上水，同时少排放接近$1m^3$的污水。也就是说，从用水量方面来讲，使用$1m^3$的中水将相当于$2m^3$的上、下水的使用量，这就相对降低了中水的成本价格。

4）高层建筑中的中水回用技术

为了充分利用建筑中的优质杂排水，同时减少中水回用系统的占地面积和成本投入，利用高层建筑中的中水进行收集、处理，利用自身重力进行冲厕使用，缓解用水压力。中水回用系统在高层建筑中的应用技术主要是通过在高层建筑的中间层位建造中水处理站，并收集高层位卫生间产生的优质杂排水，通过废水管网收集至中水处理站中，采用了BMR工艺技术对中水进行一系列工序集中处理后，使水质达到相关标准后，依靠自身重力作用通过中水管网分区供至底层位室内卫生间冲厕用水。技术指标要求是出水水质达到《城市污水再生利用 城市杂用水水质》GB/T 18920—2002中的相应的水质指标，相同指标执行较高标准。

3.4.4 高效用水

（1）安全、高效地利用水资源

水资源作为一种基础性自然资源和战略性经济资源，是一种人类生存与发展过程中重要且不可替代的资源。由于社会、经济发展中水资源的竞争利用、时空分配的不稳定性、人口增长和水污染造成的水质性缺水日趋严重等因素的影响，水资源在经济发展过程中所体现出来的经济价值不断增加，比其在人类公平生存权下所体现出来的公益性价值更为人们所关注。同时，水作为一种重要的环境要素，是地球表层系统中维护生态系统良性循环的物质和能量传输的载体，因此，水体对污染物质稀释、降解的综合自净功能，在保持和恢复生态系统的平衡中发挥着重要作用。

通常情况下，水是以流域为单元的成为一个相对独立、封闭的自然系统。在一个流域系统内，地表水与地下水的相互转化，上下游、左右岸、干支流之间水资源的开发利用，人类社会经济发展需求与生态环境维持需求之间等，都存在相互影响、相互支持的作用。

为此，水资源开发利用的管理与水环境的保护之间也是相互依存、相互支持与相互制约的关系。直观地说，水环境安全是包括水体本身、水生生物及其周围相关环境的一个区域环境概念，以可持续发展的观点，水资源的开发利用与水环境的保护是水资源可持续利用的两个核心因素。水要保持其资源价值，就必须维持水量与水质的可用性、可更新与可维持性，并保证水资源各级用户的权益。因此，要维护水资源的可利用特性，必须对水量与水质进行充分的保护与有效的管理，将污水排放量限制在环境可承受的范围之内。

水环境的保护与管理通常是国家政府的一项公益或公共事业。就水环境的保护与管理和水资源的利用与管理间的相互关系来说，水环境保护事业的发展与管理职能很难像水资源的利用那样可以产生经济效益，在市场经济的推动下逐步走向市场，并在市场竞争机制的引导下，实现资源利用的优化配置与管理。在我国加入WTO之后，政府的管理职能从直接参与市场经营与管理职能向服务型职能转变，增强了对公共资产的监督与管理，包括加强水环境保护与管理的政府职能，逐步削弱了可转向市场化开发（如资源利用等）的参与和运作职能。在这种趋势下，我国的现行水管理体制将面临新的改革与挑战。因此，有必要对现行的水保护与管理体制进行全面的分析与认识，理清水资源管理与水环境保护的关系及其与主要部门间的关系，为建立高效率利用、超安全保护的水资源保障体系奠定基础。

（2）水资源安全、高效利用的评价体系

水资源安全、高效利用的评价体系是一种以数学模型方法构造对水资源的开发利用及保护进行评价的模糊综合评价方法。在建立评价指标体系时，既要遵循完备性原则，又要反映地区的特点，抓住主要矛盾。同时，为便于实用，该评价体系还应根据各地区的条件、经济状况等各种因素制定不同的评价指标。以下是一个描述水资源的安全、高效利用的实例，它根据济南地区的实际情况和资料状况，选取了5大方面、22个指标建立的框架体系：

饮用水安全（A1）影响因素：包括水源水质达标率、自来水普及率、缺水人口率，分别用B1、B2、B3表示。

水资源利用效率（A2）影响因素：包括城市节水综合定额、万元GDP用水量（％）、防洪标准达标率、工业用水重复利用率、再生水回用率，分别用B4、B5、B6、B7、B8表示。

水生态环境安全（A3）影响因素：包括单位体积COD含量（mg/L）、废污水排放量占地表水量百分比（％）、工业废污水排放达标率、生态需水量占总资源量百分比（％）、生活、生产供水安全，分别用B9、B10、B11、B12、B13表示。

水管理措施力度（A4）影响因素：包括水资源统一管理制度、供排水检测计量措施力度、水资源调度、管理信息化实现及各类水价机制形成，分别用B14、B15、B16、B17表示。

社会经济效益（A5）影响因素：包括水资源开发利用程度、农业亩均水资源量（/亩）、人均生活水资源量（/人）、工业万元产值取水量（/万元）及水资源供需平衡程度，分别用B18、B19、B20、B21、B22表示。

经权重确定和评价，该地区的模糊综合评价结果为：水资源高效利用及安全状况隶属于超重警的隶属度为0.3617，隶属于重警的隶属度为0.1920，隶属于警戒的隶属度为

0.2055，隶属于微警的隶属度为 0.1313，隶属于无警的隶属度为 0.1095。

从安全和高效两个角度来对水资源的利用问题进行深入研究，并据此编制有效的评价指标体系，对其水资源开发利用与保护进行如下分析及评价：随着人口的增长和经济社会的快速发展，我国水资源状况发生了重大变化，缺水范围扩大、程度加剧等水资源短缺的问题已充分暴露出来。而且，在很多地区，水资源的短缺问题已经成为严重阻碍经济发展的主要因素，并直接影响了我国经济社会的可持续发展。因此，要缓解我国水资源的短缺现状，实现水资源的可持续利用，必须采取以水资源的安全、高效利用为目标，以保水为前提，节流优先、治污为本，保护现有水源，多渠道开源，综合利用非传统水源的方针。另外，在非传统水源和现场循环再利用水的使用过程中，还要建立有效的水质检测与卫生保障制度，以避免较差质量的水源对人体健康、工程质量及周围环境产生不良影响。

3.4.5　施工中的节水技术

1. 混凝土养护节水技术

（1）主要技术内容

混凝土养护使用薄膜覆盖养护替代传统洒水养护，薄膜覆盖养护，用薄膜把混凝土表面敞露的部分全部严密地覆盖起来，保证混凝土在不失水的情况下得到充足养护。楼板混凝土最后一遍收面时，边收面边覆盖薄膜，通过张力作用，薄膜较好地粘结在板面上。

竖向构件拆除模板后，将薄膜缠绕覆盖在柱墙上，收口部位用胶带粘住。

（2）环境效益

冬期施工时，为防止薄膜内水冻结，加盖毛毡。实践表明，薄膜的保水效果显著，可周转使用，提高了混凝土的早期强度，缩短了养护周期，大大节约了水资源。同时，传统的洒水养护极易造成污水横流，与文明施工、绿色施工的要求相去甚远，薄膜覆盖无须洒水，一步到位，有助于文明施工的实现。

2. 基坑降水利用技术

（1）主要技术内容

基坑降水是指施工前经过钻探勘察后发现地下水位埋深较浅，直接影响到基坑的开挖稳定和后续施工，在基坑周围或在基坑内设置排水井，以降低地下水水位，减少地下水在基础施工过程中对基坑带来的影响。基坑开挖必须在无水条件下进行，降水方式分为坑内、坑外降水两种，其优点分别为：1）坑外降水：若基坑周围无沉降控制管线、建筑基础采用坑外降水能减小主动区土压力；2）坑内降水：在不允许坑外降水的情况下采用止水帷幕做坑内降水。基坑降水利用是指对基坑降水系统抽取的地下水有效用于施工生产过程中，减少水资源的破坏和损失，降低能源消耗，节约用水，进而达到节约成本的目的。主要通过基坑降水系统与现场临时用水系统有机结合，施工养护、生产、冲洗等用水均以降水系统回收的水为主，市政管网供水为辅的施工供水系统；临时消防系统与现场养护用水管网共享，达到尽量节约用水的目的。

（2）环境效果分析

基坑降水利用技术提高了水资源利用率，减少水资源浪费。同时，对所有员工提高了节水惜水意识，为企业及人类长远的可持续发展做出相应贡献，可以有效减少水资源的浪费。

通过在成都的几个项目实践，有效地对基坑降水进行回收利用可以有效地避免水资源的浪费，每个项目均可以减少数十万吨的水资源浪费，对环境保护起到了我们应尽的义务。

3. 自动加压供水系统

（1）主要技术内容

自动加压供水系统方便及时提供消防用水和施工用水，打破常规专人看管、起动给水系统。能够方便快捷第一时间满足用水需求。开水自动加压，关水自动关机、缺相保护、抑制频繁起动电路、防空抽、水池满时会自动关水，水池空时会自动开水，使水池水位处于正常状态，自动给水系统可以实现24小时供水，对施工用水和消防用水使用相当方便而且成本低廉。

（2）环境效益

自动加压供水系统节约电力，减少临时水管材料投入，经济高效。

4. 地下水重复利用技术

（1）主要技术内容

通常建筑施工中对地下水的处理方法为：根据建筑需要进行降水施工，抽取地下水、地表水等，从而降低地下水位，并将抽取的水一般排入市政下水管网。为了可持续发展，在建筑施工中可以充分使用地下水，减少抽取量，并合理利用抽取的地下水，进而产生良好的经济效益和社会效益。对于施工中抽取的地下水的利用，主要有两个利用方向，一个是本建筑施工中利用的，如现场打桩施工用水、混凝土润泵及洗泵施工用水、混凝土养护用水、现场临时消防用水、厕所冲洗用水、场地除尘及车辆冲洗用水等；另一个是建筑施工场地外用水，如建筑周边的绿化用水、市政用水及其他用水。现场使用抽取的地下水，首先需要过滤沉淀，即将地下室的地下水及底板地表水集中抽取到沉淀池中，待其澄清后进入蓄水池，即可以在地下室利用原设计的水池当作蓄水池，若原设计没有，可根据现场自行设计一个蓄水池，然后通过加压泵加压，用管网将水送到各施工用水点。具体流程如下：地下室抽取水→过滤沉淀→蓄水池→施工管网→施工用水。对于超高层建筑现场消防用水来说，若地下室加压泵的压力满足不了施工要求，即水压达不到施工所需压力，可以在楼层上设置一个压力转换站，即在楼层上再设计一个蓄水池，然后再通过加压泵加压，使水压满足施工要求。考虑到蓄水池用水的连续性，为了保证施工用水，蓄水池可采用自动供水系统，从而满足施工要求。

（2）环境效果分析

1）减少市政排水

采用地下水的重复利用技术在获得较大的经济效益的同时，在施工中采用抽取的地下水，很大程度上减少了市政排水和市政的废水处理，可节约大量城市用水，具有巨大的环境效益。

2）施工现场的粉尘控制

在布设现场施工管网时，应沿工地主干道边设置若干水管，可利用地下水对现场的施工干道进行及时冲洗，保持清洁，以免出现污水横流，粉尘飞扬，现场施工条件差，保持施工现场达到文明施工、绿色施工的要求。

3.5 节材与材料资源利用技术及其应用

3.5.1 节材措施

（1）建筑耗材现状及节材中存在的问题

1）建筑耗材的现状

资料显示，2007年我国水泥的实际消耗量为13.5亿t，按照用于商品混凝土或现场混凝土拌制的水泥占水泥总用量的60%来估算，全国混凝土总的用量约为15亿m³。由此可以估算出用于拌制混凝土的砂、石、水泥、水等基本原材料的年用量分别约为17亿t、28亿t、8亿t、4.3亿t，也就是说，我国为生产混凝土，每年要开采砂石近45亿t。据统计，我国每年建筑工程的材料消耗量占全国总消耗量的比例大约为：钢材占25%、木材占40%、水泥占70%，这就意味着，我国每年为生产建筑材料要消耗掉70多亿t各种矿产资源，即全国人均年消耗量5.3t，且其中大部分是不可再生矿石、化石类资源。按照我国目前每生产1t水泥熟料要排放1t CO_2、0.74kg SO_2、130kg粉尘，消耗1.3t石灰石资源来计算，现在探明的我国250亿t的石灰石储量，仅可供应不到30年。此外，我国建筑的物耗水平与发达国家相比也有很大的差距。例如，我国每平方米住宅建筑耗费钢材约55kg，比发达国家高出约10%～25%；每拌制1m³混凝土要多消耗水泥80kg。如此高的资源消耗，迫使我们必须认真思考问题的严重性，积极探索解决问题的策略，探求节约材料的出路。

2）节材中存在的问题

长期以来，由于我们对建筑节材方面关注较少，也没有采取过较为有效的节材措施，造成我国现阶段建筑节材方面存在着许多问题，主要体现在以下几个方面：①建筑规划和建筑设计不能适应当今社会的发展，导致大规模的旧城改造和未到设计使用年限的建筑物被拆除；②很少从节材的角度优化建筑设计和结构设计；③高强材料的使用积极性不高，HRB400钢筋的用量在钢筋总用量中占不到10%，C45等级以下混凝土约占90%，高强混凝土使用量比较少；④建筑工业化生产程度低，现场湿作业多，预制建筑构件使用少；⑤新技术、新产品的推广应用滞后，二次装修浪费巨大。据有关机构测算，我国每年因装修造成的浪费高达30多亿元，仅北京每年二次装修就有15亿元的浪费；⑥建筑垃圾等废弃物的资源化再利用程度较低；⑦建筑物的耐久性差，往往达不到设计使用年限；⑧缺少建筑节材方面的奖罚政策。

（2）节约建材的主要措施

人类对材料、环境和社会可持续发展三者之间关系的探讨由来已久，从1998年第一届国际材料联合会提出"绿色材料"的概念，到1992年在巴西召开的联合国环境与发展大会，就已经标志着社会进入"保护自然、崇尚自然、促进可持续发展"的绿色时代。

我国建设部为了加快新技术在建设事业中的推广和应用，于2006年12月28日发布了《建设事业"十一五"重点推广技术领域》，建设部科技司在此基础上编制发布了《建设事业"十一五"推广应用和限制禁止使用技术公告》。《技术领域》和《技术公告》的发布指明了"十一五"期间建设行业科技进步的方向，是引导建设科技创新和成果推广转化的政策性文件。

《节材与材料资源利用技术领域》是重点推广的九个领域之一，是指材料生产、施工、使用以及材料资源利用各环节的节材技术，包括绿色建材与新型建材、混凝土工程节材技术、钢筋工程节材技术、化学建材技术、建筑垃圾与工业废料回收应用技术等。

减少建筑运行能耗是建筑节能的关键，而建材能耗在建筑能耗中占了较大比例，故建筑材料及其生产能耗的降低是降低建筑能耗的有效手段之一。建筑保温措施的加强、节能技术和设备的运用，会使建筑运行能耗有所减少，但这些措施通常又会造成建筑材料及其生产能耗的增加。因此，减少建材的消耗就显得尤为重要。

设计方案的优化选择作为减少建材消耗的重要手段，主要体现在以下几个方面：

1) 图纸会审时，审核节材与材料资源利用的相关内容，使材料损耗率比定额损耗率降低 30%。在建筑材料的能耗中，非金属建材和钢铁材料所占比例最大，约为 54% 和 39%。因此，通过在结构体系、高强高性能混凝土、轻质墙体结合、保温隔热材料的选用等设计方案的最优选择上减少混凝土使用量，在施工中应用新型节材钢筋、钢筋机械连接、免拆模、混凝土泵送等技术措施减少材料浪费，将不失为一种良好的节材途径。

2) 在材料的选用上，积极发展并推行如各种轻质建筑板材、高效保温隔热材料、新型复合建筑材料及制品、建筑部品及预制技术、金属材料保护（防腐）技术、绿色建筑装修材料、可循环材料、可再生利用材料、利用农业废弃植物生产的植物纤维建筑材料等绿色建材和新型建材。使用绿色建材和新型建材，可以改善建筑物的功能和使用环境，增加建筑物的使用面积，便于机械化施工和提高施工效率，减少现场湿作业，且更易于满足建筑节能的要求。

3) 根据施工进度、库存情况等合理安排材料的采购、进场时间和批次，减少库存，避免因材料过剩而造成的浪费。

4) 材料运输时，首先要充分了解工地的水陆运输条件，注意场外和场内运输的配合和衔接，尽可能地缩短运距，利用经济有效的运输方法减少中转环节；其次要保证运输工具适宜，装卸方法得当，以避免损坏和遗撒造成的浪费；再次要根据工程进度掌握材料供应计划，严格控制进场材料，防止到料过多造成退料的转运损失；另外，在材料进场后，应根据现场平面布置情况就近卸载，以避免和减少二次搬运造成的浪费。

5) 在周转材料的使用方面，应采取技术和管理措施提高模板、脚手架等材料的周转次数。要优化模板及支撑体系方案，采用工具式模板、钢制大模板和早拆支撑体系，采用定型钢模、钢框竹模、竹胶板代替木模板。

6) 安装工程方面，首先要确保在施工过程中不发生大的因设计变更而造成的材料损失，其次是要做好材料领发与施工过程的检查监督工作，再次要在施工过程中选择合理的施工工序来使用材料，并注重优化安装工程的预留、预埋、管线路径等方案。

7) 取材方面，应贯彻因地制宜、就地取材的原则，仔细调查研究地方材料资源，在保证材料质量的前提下，充分利用当地资源，尽量做到施工现场 500km 以内生产的建筑材料用量占建筑材料总重量的 70% 以上。

8) 对于材料的保管，要根据材料的物理、化学性质进行科学、合理的存储，防止因材料变质而引起的损耗。另外，可以通过在施工现场建立废弃材料的回收系统，对废弃材料进行分类收集、贮存和回收利用，并在结构允许的条件下重新使用旧材料。

9）尽快进行节材型建筑示范工程建设，制定节材型建筑评价标准体系和验收办法，从而建立建筑节材新技术体系推广应用平台，以有序推动建筑节材新技术体系的研究开发、技术储备及新技术体系的推广应用。

此外，我国的自然资源和环境都难以承受建筑业的粗放式发展，大力宣传建筑节材，树立全民的节材意识是建筑业可持续发展的必然道路。

3.5.2 结构材料及围护材料节材措施

根据房屋的构成和功能，可以将建造房屋所涉及的各种材料归结为结构材料和围护材料两大类。结构材料构成房屋的主体，包括结构支撑材料、墙体材料、屋（楼、地）面材料；围护材料则赋予房屋以各种功能，包括隔热隔声材料、防水密封材料、装饰装修材料等6类。

长期以来，我国的房屋建筑材料基本上是钢材、木材、水泥、砖、瓦、灰、砂、石；房屋的结构形式主要是砖混结构。砖混结构的特点是房屋的承重和保温功能都由墙体承担，因此，从南到北，随着气候的变化，为了建筑保温的需要，我国房屋砖墙的厚度从24cm、37cm到49cm不等，每平方米房屋的重量也从1.0t、1.5t到近2.0t变化。这样的房屋，即使有梁柱作支撑体，也被描述为"肥梁、胖柱、重盖、深基础"的典型耗材建筑。

我国的砖混结构体系将承重结构和围护结构的两个功能都赋予了墙体，致使墙体的重量增加，约占到了房屋总重的70%～80%，具有重量大、耗材多的特点。可见，选择一个合理的结构体系是节约主体材料的关键，且选定的结构体系一定要使其支撑结构和围护结构的功能分开。这样，结构支撑体系只承担房屋主承重的功能，为墙体选用轻质材料创造了条件，可大幅度地减轻墙体的重量，从而减轻了房屋的重量；房屋轻，可节约支撑体和房屋基础的用材。房屋的主体结构是指在房屋建筑中，由若干构件连接而成的能承受荷载的平面或空间体系，包括结构支撑体系、墙体体系和屋面体系，建筑物主体结构可以由一种或者多种材料构成。用于房屋主体的建筑材料重量大、用量多，占材料总量的绝大部分，因此，节材的重点应该抓构成房屋主体的材料，即结构的支撑材料、墙体材料和屋面材料。

（1）结构支撑体系的选材及相应节材措施

如前所述：仅2006年我国钢材消耗量已达到3.74亿t，其中建筑用钢材约占54%；水泥产量也已达到12.2亿t，占世界总产量的50%左右。根据此水泥产量估算出的2006年我国建设工程的混凝土总消耗量约为22亿m³（其中，城镇民用建筑混凝土用量约为8亿m³），各种原材料的消耗量约为：水泥7.6亿t，粉煤灰0.6亿t，砂16.3亿t，石子26.2亿t，外加剂570万t，水4.2亿t。据《2008年国民经济与社会发展统计公报》数据显示，我国城乡建筑竣工面积已达58.5亿m³，作为建筑材料的主体，混凝土用量约为15亿m³。仅2005年全国墙体材料生产总能力已超过10000亿块标准砖，其产量折标准砖达到8000亿块，其中新型墙体材料产量折标准砖3500亿块。

由此可以看出，要从结构支撑体系上减轻结构重量、节约建材消耗，就应该在传统结构材料的选用上做出改变。《建设部关于发展节能省地型住宅和公共建筑的指导意见》（建科〔2005〕78号）也提出"到2010年，全国新建建筑对不可再生资源的总消耗比2005

年下降 10%；到 2020 年，新建建筑对不可再生资源的总消耗比 2010 年再下降 20%"的目标。要实现上述目标主要从建筑工程材料应用、建筑设计、建筑施工等方面推广和应用节材技术。

1）混凝土的节材措施

混凝土作为最主要的建筑材料之一，其发展也随着社会生产力和经济的发展。《建设事业"十一五"重点推广技术领域》中在《节材与材料资源合理利用技术领域》中提到的混凝土工程节材技术主要包括：高强、高性能混凝土与轻骨料混凝土、混凝土高效外加剂与掺合料、混凝土预制构配件技术，预拌混凝土及预拌砂浆应用技术，清水饰面混凝土技术。

① 减少普通混凝土的用量，大力推行轻骨料混凝土。轻骨料混凝土是利用轻质骨料制成的混凝土。与普通混凝土相比，轻骨料混凝土具有自重轻、保温隔热性、抗火性、隔声性好等优点。

② 在施工过程中，注重高强度混凝土的推广与应用。高强度混凝土不仅可以提高构件承载力，还可以减小混凝土构件的截面尺寸，减轻构件自重，延长其使用寿命并减少装修，获得较大的经济效益。另外，高强度混凝土材料密实、坚硬，其耐久性、抗渗性、抗冻性均较好，且使用高效减水剂等配制的高强度混凝土能还具有坍落度大和早强的性能，施工中可早期拆模，加速模板周转，缩短工期，提高施工速度。因此，为降低结构物自重、增大使用空间，高层及大跨结构中常使用高强混凝土材料。国内外工程实践还表明，大力推广、应用高强钢筋和高性能混凝土，还可以收到节能、节材、节地和环保成效。

③ 推广使用预拌混凝土和商品砂浆。商品混凝土集中搅拌，比现场搅拌可节约水泥10%，使现场散堆放、倒放等造成的砂石损失减少 5%～7%。在我国《散装水泥发展"十五"规划》中明确规定，直辖市、省会城市、沿海开放城市和旅游城市从 2003 年 12月 31 日起，其他城市从 2005 年 12 月 31 日起，禁止在现场搅拌混凝土。但是，我国商品混凝土整体应用比例仍然较低，这也导致我国浪费了大量的自然资源。国内外的实践表明：采用商品混凝土还可提高劳动生产率，降低工程成本，保证工程质量，节约施工用地，减少粉尘污染，实现文明施工。因此，发展和推广商品混凝土的使用是实现清洁生产、文明施工的重大举措。

④ 逐步提高新型预制混凝土构件在结构中的比重，加快建筑的工业化进程。新型预制混凝土构件主要包括新型装配式楼盖、叠合楼盖、预制轻混凝土内外墙板和复合外墙板等。严格执行已颁布的有关装配式结构及叠合楼盖的技术规程，对于新型预制构件技术的采用，要认真编制标准图集和技术规程报主管部门批准，通过试点示范逐步在全省范围内推广。

⑤ 大力推进落实发展散装水泥，鼓励结构工程使用散装水泥。虽然我国散装水泥取得了快速的发展，但与国际先进水平相比，水泥散装率仍然很低。据资料显示，2007 年我国散装水泥 5.65 亿 t，约为水泥总产量的 41.71%，远低于美国、日本（90%）以上的散装率，甚至还远低于罗马尼亚（70%）、朝鲜（50%）的散装率。水泥生产和应用的低散装率给我国造成了极大的资源浪费。如以 2007 年全国袋装水泥 7.85 亿 t 计算，全年消耗包装袋用纸约 470 多万 t，折合优质木材 2590 多万 m^3，相当于 12 个大兴安岭一年的木材采伐量。而且，水泥包装袋还要消耗大量烧碱及大量纸袋扎口棉纱。此外，包装纸袋破

损和包装袋内残留水泥造成的损耗在3％以上，而散装水泥由于装卸、储运采用密封无尘作业，水泥残留在0.5％以下，这样一来，全国每年要损失近2355万t水泥。同时，水泥包装过程中还要产生大量的固体废弃物和粉尘，不但浪费水泥资源，而且对城市环境造成了污染。根据循环经济减量化原则，也应大力发展散装水泥事业，尽可能减少包装物的使用。

⑥ 进一步推广清水混凝土节材技术。清水混凝土又称装饰混凝土，属于一次浇筑成型材料，不需要其他外装饰，这样就省去了涂料、饰面等化工产品的使用，既减少了大量建筑垃圾又有利于保护环境。另外，清水混凝土还可以避免抹灰开裂、空鼓或脱落的隐患，同时又能减轻结构施工漏浆、楼板裂缝等缺陷。

⑦ 采用预应力混凝土结构技术。据资料统计，工程中采用无粘结预应力混凝土结构技术，可节约钢材约25％、混凝土约1/3，从而也从某种程度上减轻了结构自重。

2）钢材的节材措施

据中国钢铁工业协会的资料显示，我国钢材消费量自2001年起就以每年3000万t以上的速度增加。国家统计局统计快报数据显示，2003年1月至11月，我国累计产钢20019.7万t，比2002年增长21.53％，月平均产量比2000年多500万t。目前我国钢材消费量遥居世界首位，比美国和日本钢材消费量总和还要多。

① 钢筋的节材

A. 推广使用高强钢筋，减少资源消耗。如近期悄悄风靡建筑业的预应力混凝土钢筋（简称：PC钢筋），与普通螺纹钢筋不同，PC螺纹钢筋的筋向内凹（普通螺纹钢的筋则向外凸），是一种制作预应力混凝土构件的高强钢筋。这是因为，PC钢筋能克服混凝土的易断性，并在预应力状态下经常给混凝土以压缩力，从而使混凝土的强度有较大增加。凹螺纹PC钢筋制造的建筑构件可节约钢材50％，大大降低了工程造价，还可以缩短施工周期，故受到各种建筑工程的青睐，目前在国外得到广泛使用。我国也应该向国际新型材料市场靠拢，积极推行性质优良的高强钢筋，减少钢材资源的消耗。

B. 推广和应用高强钢筋与新型钢筋连接、钢筋焊接网与钢筋加工配送技术，保证建筑钢筋以HRB400为主，并逐步增加HRB500钢筋的应用量。通过这些技术的推广应用，可以减少施工过程中的材料浪费，并能提高施工效率和工程质量。

C. 优化钢筋配料和钢构件下料方案。钢筋及钢结构制作前应对下料单及样品进行复核，无误后方可批量下料，以减少因下料不当而造成的浪费。

② 钢结构的节材

对于钢结构，应优化钢结构的制作和安装方法。大型钢结构宜采用工厂制作，现场拼装的施工方式，并宜采用分段吊装、整体提升、滑移、顶升等安装方法，以减少方案的措施用材量。另外，对大体积混凝土、大跨度结构等工程，应采取数字化技术对其专项施工方案进行优化。

（2）围护结构的选材及其节材措施

1）保温外墙的选材

保温外墙要求具有保温、隔热、隔声、耐火、防水、耐久等功能，并满足建筑对其强度的要求，它对住宅的节材和节能都有重要的作用。我国幅员辽阔，按气候分为严寒、寒冷、夏热冬冷和夏热冬暖四个气候区。为了节约采暖和制冷能耗，对其外墙热功能的要求分别为：前者以保温为主；中间两个区要求既保温，又隔热；后者则要求以隔热为主。满足保温功能，做法比较简单，采用保温材料即可；隔热可选择的途径较多，除采用保温材料外，还可采用热反射的办法、热对流的办法等，或者是两者、三者的组合。因此，存在着一个方案优化问题：怎么做更有效、更经济，以及内保温和外保温两种做法如何选择等。不同气候地区的保温外墙构造也不能千篇一律。

近几年，我国外墙外保温技术发展很快，但大多数都是采用大同小异的结构层——保温层增强聚合物砂浆抹面层的做法。应该说，这种做法本身是可行的，但是否有一定的应用范围还有待探究。加上有些不规范的外墙外侧的选材和施工，使其耐久性令人担忧。

由于此项技术很重要，建议选择条件基本具备的高校、科研设计院所和企业，作为我国的保温外墙研发中心，有组织地根据不同的气候区的热功能要求，研究出一些优化的方案来，以引导我国的保温外墙健康发展。

2）非承重内墙的选材

非承重内墙，特别是住宅分户墙和公用走道，要具有耐火、隔声和一定的保温功能和强度的功能。

我国现有的非承重内隔墙，多以水泥硅酸盐和石膏两大类胶凝材料为主要组成材料，且可分为板和块两大类。板类中有薄板、条板，最近又在开发整开间的大板，品种有几十种之多，而其中能真正商品化的产品却寥寥无几。板缝开裂成了我国建筑非承重内墙的通病，因而对此材料也有一个优选的问题。水泥的强度高、性能好，是用途广、用量最大的建筑材料，其年产量已突破 10 亿 t。但由于其生产能耗高，并排放与水泥等重量的二氧化碳，对环境造成严重污染，故从去年开始国家对水泥实施了限产的政策，这就迫使我们思考国家建设需要的胶凝材料差额从何解决的问题。

研究和实践表明，虽然石膏胶凝材料的强度比水泥低，在流动的水中溶解度也较小，但由于其自身显著的优势，被认为室内最好的非承重材料。石膏胶凝材料的优点主要表现在：①重量轻，耐火性能优异；②具有木材的暖性和呼吸功能；③凝结时间短，特别适应大规模的工业化生产和文明的干法施工，符合建筑产业化的需要；④生产节能、使用节材、可减废、可循环使用、不污染环境，符合国家可持续发展与循环经济的需要。

最近，建材情报所组织专家对现有的几十种墙体材料做了一次总评分，前三名分别是煤矸石砖、纸面石膏板、石膏砌块。人口较多的美国和日本几乎 100％的非承重内墙都是选用纸面石膏板。这又一次证明了，石膏非承重内墙是住宅内墙最好的选择，它不仅符合国家的发展政策，符合建筑产业化的政策，也可填补国家建设对胶凝材料的需求。

3）屋面系统的节材

过去，我国的坡屋面较多。自 20 世纪 50 年代提出节约木材，提倡以钢代木后，便开始实施坡改平政策。故直到 20 世纪 90 年代，我国房屋基本都是平屋面。其实，坡屋面与平屋面相比，不仅重量大大轻于钢筋混凝土屋面，而且功能好，还能美化环境。故在建设部的"七五"科技发展规划中，提出了要适当发展坡屋面，由于屋架问题没有很好解决，坡屋面的发展比较缓慢，至今这个问题仍然存在。据国外介绍，采用轻钢屋架，其用钢量比钢筋混凝土的配筋量还少；近年来我国开发引进钢结构技术，钢屋架的技术问题已经解决，为今后坡屋面的发展创造了条件。

4）围护结构的节材措施

由上所述，根据围护结构的保温、隔热、隔声、耐火、防水、耐久等功能要求，房屋建筑对其强度的要求，围护结构的用材现状，将其用材及施工方面的节材措施总结如下：

① 门窗、屋面、外墙等围护结构选用耐候性、耐久性较好的材料。一般来讲，屋面材料、外墙材料要具有良好的防水性能和保温隔热性能，而门窗多采用密封性、保温隔热性能、隔声性能良好的型材和玻璃等材料。

② 当屋面或墙体等部位采用基层加设保温隔热系统的方式施工时，应选择高效节能、耐久性好的保温隔热材料，以减小保温隔热层的厚度及材料用量。

③ 屋面或墙体等部位的保温隔热系统采用专用的配套材料，以加强各层次之间的粘结或连接强度，确保系统的安全性和耐久性。

④ 根据建筑物的实际特点，优选屋面或外墙的保温隔热材料系统和施工方式，以确保其密封性、防水性和保温隔热性。例如，采用保温板粘贴、保温板干挂、聚氨酯硬泡喷涂、保温浆料涂抹等施工方式，来达到保温隔热的效果。

⑤ 加强保温隔热系统与围护结构的节点处理，尽量降低热桥效应。针对建筑物的不同部位保温隔热特点，选用不同的保温隔热材料及系统，以做到经济适用。

3.5.3 装饰装修材料节材措施

随着国民经济的快速发展，生活水准和生活质量的提高，人们对改善工作、生活和居住环境的欲求和期望也日益强烈。因此近年来房屋装饰装修的标准、档次不断提高，并呈上升的趋势。装饰装修在建筑工业企业中，也已形成了专业的行业，其完成产值占建筑业的比重也越来越大。室内环境质量与人的健康具有非常密切的关系，然而，因使用建筑装饰装修和各种新型建筑装修材料造成居住环境污染、装修材料产生的污染物对人体健康造成侵害的事件却时有报道，民用建筑室内环境污染问题日益突出。随着大众环境意识、环保意识和健康意识的迅速提高，身体健康与室内环境的关系也越来越受到人们的重视。因此，从建筑装饰装修方面着力于绿色建筑、健康住宅的营造，也正成为越来越多的开发商、建筑师追求的目标。

建筑装饰装修是指为使建筑物、构造物内外空间达到一定的环境质量要求，使用装饰装修材料，对建筑物、构造物外表和内部进行修饰处理的工程建筑活动。绿色装修则指通过利用绿色建筑及装饰装修材料，对居室等建筑结构进行装饰装修，创造并达到绿色室内环境主要指标，使之成为无污染、无公害、可持续、有助于消费者健康的室内环境的施工过程。

绿色装修是随着科技发展而发展的，并没有绝对的绿色家居环境。提倡绿色装修的目的在于，通过分析我国装饰装修业的现状及问题，采用必要的技术和措施，将现在的室内装修污染危害降到最低限度。

（1）常用的装饰装修材料及其污染现状

1）常用的建筑装修材料

目前，我国建筑装修材料可分为有机材料和无机材料两类。这两类材料又有天然与人造之分，天然有机材料的使用越来越少，而人造板材、塑料化纤制品越来越多。例如，常用的无机非金属建筑材料有砂、石、砖、水泥、商品混凝土、预制构件、新型墙体材料等；常用的无机非金属装修材料有石材、建筑卫生陶瓷、石膏板、吊顶材料等；常用的人造板材和饰面人造板有胶合板、细木工板、刨花板、纤维板等；常用的溶剂型涂料有醇酸清漆、醇酸调和漆、醇酸磁漆、硝基清漆、聚氨酯漆等；胶粘剂、防水材料、壁纸、地毯等。

2）建筑装修材料中的有毒物质及其来源

建筑装修材料中的有毒物质多达千种，对人体健康危害较大的有甲醛、苯、氨、总挥发性有机化合物（TVOC）、氡等。甲醛主要来源于用作室内装修的胶合板、细木工板、中密度纤维板和刨花板等人造板材、化学地毯、泡沫塑料、涂料、粘合剂等；苯经常被用作装饰材料、人造板家具的溶剂，同时也大量存在于各种建筑装修材料的有机溶剂中，如各种油漆的添加剂和稀释剂；氨主要来自于建筑施工中使用的混凝土外加剂及以氨水为主要原料的混凝土防冻剂；总挥发性有机化合物（TVCO）主要是人造板、泡沫隔热材料、塑料板材、壁纸、纤维材料等材料的产物；氡有放射性，是镭钍等放射性蜕变的产物，主要来自建筑装修材料中某些混凝土和天然石材，如石材、瓷砖、卫生洁具、墙砖等。

3）建筑装修材料中有毒物质的危害

① 有毒物质对生态环境的危害

建材行业是不可再生资源依存度非常高的行业，大部分建材的原料来自不可再生的天然矿物原料。再者，由于加工技术落后，建材行业对不可再生资源的综合利用非常低，并且向环境中排放大量的废弃物，给环境带来了远远超过其自身容纳和消化能力的负担。于是，砂石、矿石的采掘就成了在"城市化"名义下的土地转移和转化，而且，采掘及生产过程中产生的大量粉尘、噪声，还带来了大气污染、水体污染等一系列的生态环境问题。

② 有毒物质对生态环境的危害

建筑装修材料在生产、使用及废弃阶段均对居民健康危害较大。再者，现代人有80%以上的时间是在室内度过的，婴幼儿、老弱病残者在室内的时间更长，故使用阶段危害尤甚。建筑装修材料中有毒物质对人体的伤害原理基本相同，即当有毒物质释放后，被人体组织吸收，然后通过血液循环扩散到全身各处，时间久了便会造成人的免疫功能失调，使人体组织产生病变从而引起多种疾病。如果人们在通风不良的情况下，短时间内吸入有毒气体，还会引起急性中毒，严重的会出现呼吸衰竭，心室颤动甚至死亡。

（2）建筑装修材料有毒物质污染的防治对策

1）加快制定和修改建材环保标准并开发和生产绿色建材

据国外科学家预测，21世纪将是以研究开发节能、节资源、环保型的绿色建材为中心，以研究和开发节省资源的建筑材料、生态水泥、抑制温暖化建材生产技术、绿化混凝土、家具舒适化和保健化建材等为主题的时代。而目前我国建筑和装饰材料原有的环保标准已不能适应建材市场发展和人们健康生活的需求。为此，必须加快我国制定和修改绿色建材有关环保标准的步伐，加大开发和生产绿色建材的投入，从而实现向国际高标准靠拢目标。主要途径有：①引进国外新型无污染的环保建材生产技术，或者与外企合作开发生产无污染的环保建材；②吸收国外的先进技术，组织攻关和开发国产新型无污染的环保建筑及装饰材料。

2）采取措施将有毒物质带来的室内污染降至最低限度

① 研究和制定建材室内污染的评价标准和方法。迄今为止，我国对于建筑和装饰材料导致室内污染的评价还处于摸索阶段，尚未制定系统的建筑和装饰材料导致室内污染的

评价标准和方法。为有效减少建筑和装饰材料导致室内污染对人体的伤害，提高人们的健康水平，必须加快研究步伐，在尽可能短的时间内制定出一套系统的建筑和装饰材料导致室内污染的评价标准和方法。

② 施工控制措施。首先，要控制装修材料的进场检验，检验合格后方可使用；其次，要注重对施工过程中产生的有害物质的控制，如禁止在室内使用有机溶剂清洗施工用具，禁止使用苯、甲苯、二甲苯和汽油等有害物质进行除油和清除旧涂料，涂料、胶粘剂、水性处理剂、稀释剂和溶剂使用后应及时封闭存放，施工废料应及时清出室内等等；再次，除要控制施工过程设计选用的主要材料的使用外，还应注重控制多种辅助材料的使用，如应该严禁使用苯、工业苯、石油苯以及混合苯作为稀释剂和溶剂；另外，还要注重对室内环境质量验收的控制，禁止入住不符合国家相关标准的房间。

③ 在使用居室上采取措施。首先，要注意室内有害气体的检测和净化，新建或装修的住房在入住前的空置时间应尽量长。其次，入住后的房间，应保持室内良好的通风，有条件的用户可以安装空气净化器或新风机，对室内空气中的有毒有害物质进行过滤、吸附、净化。此外，可以在室内适当放一些有吸附、除尘和杀菌功能的绿色植物，以减少有害物质的污染，改善空气质量。

3）尽快制定一次装修或装饰装修工厂化的技术政策及管理政策

在装饰装修材料方面，继续推广塑料门窗与复合材料门窗、塑料管道及复合管道、新型建筑防水材料、新型建筑涂料等。通过推广和应用化学建材技术，不断提高化学建材的应用技术水平，使优质产品进一步得到市场的认可，提高优质产品的市场占有率。

4）加大环保宣传力度

对建筑装修材料有毒物质带来的生态环境污染以及室内空气污染问题，与人们的生活质量和身体健康息息相关，必须在全社会继续进行广泛的宣传教育，促进全社会共同关注建筑装修材料有毒物质的污染问题，引导人们充分认识有毒物质的来源、危害及防护措施。

（3）建筑装饰装修材料在施工中的节材措施

1）贴面类材料在施工前应该进行总体排版，尽量减少非整块材料的数量。

2）尽量采用非木质的新材料或人造板材代替木质板材。

3）防水卷材、壁纸、油漆及各类涂料基层必须符合国家标准要求，避免起皮、脱落。各类油漆及粘结剂应随用随开启，不用时应及时封闭。

4）幕墙及各类预留预埋应与结构施工同步。

5）对于木制品及木装饰用料、玻璃等各类板材等宜在工厂采购或定制。

6）尽可能采用自粘类片材，减少现场液态粘结剂的使用量。

3.5.4 周转材料节材措施

1. 周转材料的分类及特征

建筑物的生产过程中，不但要消耗各种构成实体和有助于工程形成的辅助材料，还要耗用大量如模板、挡土板、搭设脚手架的钢管、竹木杆等周转材料。所谓周转材料就是通常所说的工具型材料和材料型工具，被广泛应用于隧道、桥梁、房建、涵洞等构筑物的施工生产领域，是施工企业重要的生产物资之一。

周转材料按其在施工生产过程中的用途不同，一般可分为四类：（1）模板类材料。模板类材料是指浇灌混凝土用的木模、钢模等，包括配合模板使用的支撑材料、滑膜材料和扣件等。按固定资产管理的固定钢模和现场使用固定大模板则不包括在内。（2）挡板类材料。挡板是指土方工程用的挡板，它还包括用于挡板的支撑材料。（3）架料类材料。架料类材料是指搭脚手架用的竹竿、木杆、竹木跳板、钢管及其扣件等。（4）其他。其他是指除以上各类之外，作为流动资产管理的其他周转材料，例如塔吊使用的轻轨、枕木（不包括附属于塔吊的钢轨）以及施工过程中使用的安全网等。

周转材料虽然数量较大、种类较多，但一般都具有以下特征：（1）周转材料与低值易耗品作用类似。周转材料与低值易耗品一样，在施工过程中起着劳动手段的作用，随着使用次数的增加而逐渐转移其价值。（2）具有材料的通用性。周转材料一般都要安装后才能发挥其使用价值，未安装时形同普通的材料，一般设专库保管，以避免与其他材料相混淆。（3）因周转材料种类多，用量大，价值低，使用期短，收发频繁，易于损耗，经常需要补充和更换，故应将其列入流动资产进行管理。

2. 施工企业中周转材料管理现状

（1）管理分散

由于现在各施工集团公司的施工项目分布较为广泛，有的遍布全国各地甚至海外，加上每一个施工项目工点都在不同的施工阶段使用大批量不同的周转材料，造成各下属单位周转材料保存量都很大。但是，由于各单位的在建工程量变化性很大且极不均衡，且各单位内部或单位之间都存在着不同程度的配件规格不齐、型号不配套等情况，再加上各单位长期实行自给自足的分散自我管理体制，难免会出现周转材料阶段使用量不均衡，使用效率低、成本高，周转材料闲置浪费等问题。此外，公司内部周转材料的大量调剂，使其内部制定的租赁价格背离市场实际价格，且内部核算导致租赁资金不能及时回收，影响了公司对现有周转资料的维修和更新，从而使工程项目的实际成本得不到真实的反映，这样既影响了社会闲散资源的使用效率，也使专业管理人员的积极性受到影响。可见，集团公司施工周转材料的这种分散管理体制，使许多材料的新购置缺乏计划性，且极易导致公司内部各施工单位的无序竞争和无限扩张。

（2）使用计划不明确

目前大部分施工企业多凭经验估算周转材料的使用计划，对所需材料的规格、品种、数量、成色不能科学量化。例如，某工程需钢管 5000m，很少会有施工单位将这 5000m 的钢管中不同长度又各需多少、其需求量是否与施工建筑结构相匹配等问题计算清楚，而只是大概估算一下，秉承多多益善的原则购置，运到施工现场后，再根据需要将长的锯短，短的丢掉，浪费十分严重。

（3）材料管理人员素质偏低

存在材料员随意报计划，收发材料把关不严，不按规定认真盘点的现象。

3. 现状治理措施

（1）周转材料集中规模管理

对周转材料实行集团内的集中规模管理，可以降低企业（整个集团）的工程成本，提高企业的经济效益，提升企业的核心竞争力，并更好地满足集团内多个工程对周转材料的需求，同时也可以为企业与整个建筑行业的进一步融通往来打好基础。

（2）加强材料管理人员的业务培训

为真正做到物尽其用，人尽其才，变过去的经验型材料收发员为新型材料管理人员，企业决策层应对材料人员进行定期培训，以提高他们的工作技能，扩大其知识面，使其具备良好的职业道德素质和较新的管理观念。

（3）降低周转材料的租费及消耗

要降低周转材料的租费及消耗，就要在周转材料的采购、租赁和管理环节上加强控制，具体做法有：①采购时，选用耐用、维护与拆卸方便的周转材料和机具。②周转材料的数量与规格把好验收关。因租金是按时间支付的，故对租用的周转材料要特别注重其进场时间。③与施工队伍签订明确的损耗率和周转次数的责任合同。这样可以保证在使用过程中严格控制损耗，同时加快周转材料的使用次数，并且还可以使租赁方在使用完成之后及时退还周转材料，从而达到降低周转材料成本的目的。

（4）对于周转材料的使用，要根据实际情况选择合理的取得方式

通常情况下，为免去公司为租赁材料而消耗的费用，公司最好要有自己的周转材料。但是，某些情况下租赁也较为经济合理，故公司在使用周转材料前，要综合考虑以下因素，以得出较合理的选择方案。一般需要考虑的因素有：①工程施工期间的长短以及所需材料的规格。一般来讲，公司自行购买那些需要长期使用且适用范围比较广的周转材料较为划算。②现阶段公司货币资金的使用情况。若公司临时资金紧张，可选择优先临时租赁方案。③周转材料的堆放场地问题。周转材料是间歇性、循环使用的材料，因此在选择自行购买周转材料前，应事先规划好堆放闲置周转材料的场地。

（5）控制材料用量。加强材料管理，严格控制用料制度，加快新材料、新技术推广和使用在施工过程中，优先使用定型钢模、钢框竹模、竹胶板等新兴模板材料，并注重引进以外墙保温板替代混凝土施工模板等多种新的施工技术。对施工现场耗用较大的辅材实行包干，且在进行施工包干时，优先选用制作、安装、拆除一体化的专业队伍进行模板工程施工，可以大大减少材料的浪费。

（6）控制机械设备和周转材料租赁制度，以提高机械设备和周转材料的利用率具体措施有：①项目部应在机械设备和周转材料使用完毕后，立即归还租赁公司，这样既可以加快施工工期，又能减少租赁费用；②选择合理的施工方案，先进、科学、经济合理的施工方案，可以达到缩短工期、提高质量、降低成本的目的；③在施工过程中注意引进和探索能降低成本、提高工效的新工艺、新技术、新材料，严把质量关，减少返工浪费，保证在施工中严格做到按图施工，按合同施工，按规范施工，确保工程质量，减少返工造成的人工和材料的浪费。

（7）做好周转材料的护养、维修及管理工作

周转材料的护养和维修工作，主要包括以下几个方面：①钢管、扣件、U形卡等周转材料要按规格、型号摆放整齐，并且在使用后及时对其进行除锈、上油等维护工作。为不影响下次使用，应及时检查并更换扣件上不能使用的螺丝。方木、模板等周转材料要在使用后要按其大小、长短堆放整齐成型，以便统计数量。②由于周转材料数量大，种类多，故应加强周转材料的管理，建立相应的奖罚措施。如：在使用时，要在相应的负责人员认真盘点数量，材料员方可办理相应的出库手续，并由施工队负责人员在出库手续上签字确认；当工程结算后，应要求施工队把周转材料堆放整齐，以便于统计数量，如果归还

数量小于应归还数量，要对施工队做出相应的处罚措施。

（8）施工前对模板工程的方案进行优化

例如，在多层、高层建筑建设过程中，多使用可重复利用的模板体系和工具式模板支撑，并通过采用整体提升、分段悬挑等方案来优化高层建筑的外脚手架方案。

（9）现场办公和生活用房采用周转式活动房

最大限度地利用已有围墙做现场围挡，或采用装配式可重复使用围挡封闭的方法，力争工地临房、临时围挡材料的可重复使用率达到 70%。

3.5.5　节材与材料应用技术

目前施工企业推广应用的绿色施工技术很多，本节选择环境效益较明显的几个节材技术进行介绍。

1. 塑料模板技术

（1）主要技术内容

PP-R 模板施工方法和木模板基本相同，但无需脱模剂，使用后的模板表面不粘混凝土，施工效果可以达到清水混凝土的要求，模板不需要清洁即可再次投入使用。梁、柱、剪力墙模板可根据设计图纸定制生产，施工现场只需简单加工，即可整体安装、整体拆卸，逐层使用，施工效率可比木模板提高 40%，节约劳动成本 30%，劳动强度大为降低。模板在使用过程中不吸水、不破损、不变形，如配合金属桁架支撑系统，则不需要使用木方和钢钉固定。

塑料模板的预留缝应严格按要求设置和处理：昼夜温差较大的季节，早晨和晚上铺设时塑料模板需预留 2mm 左右的伸缩缝（根据当天的温度大小而定），伸缩缝间设置双面弹性海绵胶，用来适应中午温度较高时的微小热胀变形。中午铺设塑料模板时不需预留伸缩缝，但早晨和晚上温度降低，塑料模板会收缩，此时需在收缩的拼缝间设置双面弹性海绵胶，并粘贴 100mm 宽透明胶带（每边 50mm 宽），确保拼缝严密、平整。在塑料模板上进行电焊作业时，在其上设不燃垫板，防止火花烧坏模板。

（2）技术指标

PP-R 模板主要是由再生聚丙烯和十几种化工助剂挤压成型，其主要物理性能见表 3-13。

PP-R 模板主要物理性能　　　　　　　　　　　　　　　　　　表 3-13

序号	检验项目	检验值	备注
1	密度	0.9g/cm^3	
2	拉伸强度（纵向）	16.8MPa	
3	简支梁冲击强度（纵向）	17.6kg/m^2	
4	弯曲强度（纵向）	35.7MPa	
5	弯曲弹性模量（纵向）	2446MPa	
6	回缩率	长度方向 0.21% 宽度方向 0.16%	135℃加热 2h

（3）环境效益

与传统模板相比，塑料模板可以减少木材和钢钉的使用，混凝土顶板可以周转 40～50 次，梁板可以周转 40 次以上，属于绿色环保产品，材料无毒，无污染，塑料模板使用后可以粉碎成粉末然后作为原材料加工成塑料模板，然后重新使用。这样可以反复循环使用，响应国家环保号召。

2. 工具式水平模板钢结构托架

（1）模板体系设计

1）基本组件：独立支撑杆、水平杆、斜杆、定型化钢质主（次）梁、多层板等。

2）功能组件：主梁拉伸头、次梁拉伸头、活动托头等。

3）连接配件：主次梁接头、主梁接头、缩紧螺栓。

通过可调式独立支撑杆实现支撑架高度可调，可调范围大，可粗调（孔距 100mm）、可微调，可以精确调节独立支撑的支设高度，使得支撑体系适用于 2～3.3m 的层高。在支撑杆上安装固定盘扣和活动盘扣，利用盘扣连接水平杆和斜杆，形成稳定的支撑体系。通过工具式水平模板钢结构托架实现水平支承梁长度可调，钢结构托架由定型化钢质主梁、次梁以及接头连接而成，主、次梁设置了伸缩梁以及锁紧螺栓，伸缩梁可插入主（次）梁中，采用锁紧螺栓紧固，使得钢结构托架可以适用于各种尺寸的房间。本体系的工具式水平模板钢结构托架除可应用于独立支撑脚手架上，还可以应用于扣件式脚手架、碗扣式脚手架、门式脚手架等垂直支撑系统上。

（2）模板体系施工

根据工程结构设计图纸、施工要求、施工目的、服务对象及施工现场条件，编制模板支撑架专项施工方案及施工图。制定模板支撑架施工工艺流程和工艺要点。对设计方案进行详细的结构计算，确保模板支撑架的稳定性。根据专项施工方案对所需材料进行统计。

（3）环境效益

工具式水平模板钢结构托架比传统木胶合板模板周转次数多，减少木材消耗，节约资源；比钢模板用钢量小，节约钢材消耗，减少污染排放。

3. 铝合金模板早拆模板体系

（1）用途

工具式铝合金模架体系适用于新建的群体公共与民用建筑，特别是超高层建筑，主要适用于墙体模板、水平楼板、梁、柱等各类混凝土构件。铝合金模板早拆模架可以形成完整的体系，可以一次完成墙、柱、梁、板、阳台、飘窗、外装饰线条等混凝土结构的施工。适用铝合金模板的结构形式多为剪力墙较多的框剪结构，且标准层宜在 25 层以上的高层、超高层。

（2）原理

其原理是根据工程建筑施工图纸和结构施工图纸，经定型化设计和工业化加工，定制完成所需要的标准尺寸模板构件及与实际工程配套使用的非标准构件，组成的新型建筑工程模架体系。

（3）做法

铝合金模板是采用铝板和型材焊接而成的新型模板，采用销钉、高强螺栓等进行连接。其具有施工周期短，重复使用次数多，施工方便、效率高，施工质量易保证，低碳减排等众多优点，属于新型模板体系。

（4）环境效益

铝合金模板具有较高的回收价值，铝合金材料可以一直循环利用，且使用过程中不会产生大量建筑垃圾，符合低碳环保、绿色施工的要求。铝合金建筑模板拆模后，混凝土表面质量平整光洁，基本上可达到饰面及清水混凝土的要求，无需进行批荡，可节省批荡费用。

4. 工具式快装支撑架应用技术

（1）主要技术内容

钢结构施工中，格构式支撑架应用十分广泛，但传统做法主要是讲格构式支撑架焊接成整体标准节形式，使用、运输、存储过程中均十分不便，损耗较大，本技术是将格构式支撑架分体做成标准件，在现场使用时安装、拆除、运输快捷方便，且便于在不同项目周转使用，能很大程度提高工作效率、降低施工成本。

（2）技术指标

支撑架制作及桁架安装符合《钢结构工程施工质量验收规范》GB 50205，桁架和支撑架拼装及高处作业符合《建筑施工高处作业安全技术规范》JGJ 80。

（3）环境效益

传统做法往往是一次性摊销，采用快装式标准楼梯加工后的定型产品科持续周转，成本较小，单位工程的成本摊销额低，完全能够达到环保节能的功效。在安全上是满足安全验收规范要求的，而且成型后的视觉效果良好。

3.6 节地与用地保护技术及其应用

近年来，随着经济的迅速发展，国家对基础性设施建设力度不断加大，用地量大幅增加。近年来全国土地利用变更调查资料显示，我国耕地面积正在不断减少，建设用地持续增加，"十五"期间全国耕地面积减少 616 万 km²，人均耕地已经不足 1.4 亩。同期新增建设用地 219 万 km²，其中占用耕地 109.4 万 km²。

除了建设项目所必需的永久用地外，临时用地量也十分可观，多数项目临时用地量占永久用地的 30% 以上，部分超过 70%～80%，有的还占用了部分耕地。由于近年来环境的日益恶化以及人们对环境可持续发展认识的深入，使得人们对资源的利用有新的认识。由于建设而不可回避地需要占用一定数量的土地，考虑到土地资源的不可再生，必须正确处理建设用地与节约用地的关系，提高土地利用率，实施土地资源的可持续发展。

3.6.1 临时用地的使用、管理和保护

（1）临时用地的范围

临时用地是指在工程建设施工和地质勘察中，建设用地单位或个人在短期内需要临时使用，不宜办理征地和农用地转用手续的，或者在施工、勘察完毕后不再需要使用的国有或者农民集体所有的土地（不包括因临时使用建筑或者其他设施而使用的土地）。

临时用地就是临时使用而非长期使用的土地，在法规表述上可称为"临时使用的土地"，与一般建设用地不同的是：临时用地不改变土地用途和土地权属，只涉及经济补偿和地貌恢复等问题。

1）与建设有关的临时用地

① 工程建设施工临时用地，包括工程建设施工中设置的建设单位或施工单位新建的临时住房和办公用房、临时加工车间和修配车间、搅拌站和材料堆场，还有预制场、采石场、挖砂场、取土场、弃土（渣）场、施工便道、运输通道和其他临时设施用地；因从事经营性活动需要搭建临时性设施或者存储货物临时使用土地；架设地上线路、铺设地下管线和其他地下工程所需临时使用的土地等。

② 地质勘探过程中的临时用地，包括建筑地址、厂址、坝址、铁路、公路选址等需要对工程地质、水文地质情况进行勘测、勘察所需要临时使用的土地等。

2）不宜临时使用的土地

临时用地应该以不得破坏自然景观、污染和影响周边环境、妨碍交通、危害公共安全为原则。

（2）临时用地目前存在的主要问题

1）有的项目单位认为临时用地只要供需双方同意就行，没必要办理手续，更不必要上报相关主管部门，而是直接与土地使用权人或集体经济组织签订协议、使用土地。特别是重点基础设施工程项目，通常被视为促进地方经济发展的契机，一些地方在临时用地方面"一路绿灯"，甚至默许施工单位随意占用耕地。

2）在项目可行性研究阶段，缺乏临时用地特别是取、弃土（渣）用地方案，使得临时用地选址带有一定的随意性，对临时用地的数量缺乏精确计算，存在宽打宽用，浪费土地的现象。

3）在临时用地中，铁路、公路桥梁比重较大，工程建设时沿线设置的大量临时制梁场规模庞大，占用了相当数量的土地，由于场地经过重型机械长时间碾压，土质变得十分密实而使得根本无法复垦。

4）水利水电项目施工期限一般会长达七八年，有的甚至超过 10 年，由于临时用地的期限过长，使得原来应修建的简易施工用房、设施用房提高了标准，临时用地无形中演变为实际上的建设用地。

（3）临时用地的管理

统筹安排各类、各区域临时用地；尽可能节约用地、提高土地利用率；可以利用荒山的，不占用耕地；可利用劣地的，不占用好地；占用耕地与开发复垦耕地相平衡，保障土地的可持续利用。

1）临时用地期限

依据《土地管理法》的规定，使用临时用地应遵循依法报批、合理使用、限期收回的原则。临时用地使用期限一般不超过 2 年，国家和省重点建设项目工期较长的，一般不超过 3 年，因工期较长确需延长期限的，须按有关规定程序办理延期用地手续。

2）临时用地的管理内容

① 在项目可行性研究阶段，应编制临时用地特别是取、弃土（渣）方案，针对项目性质、地形地貌、取土条件等，确定取、弃土（渣）用地控制指标，并据此编制土地复垦方案，纳入建设项目用地预审内容。

② 对于生产建设过程中被破坏的农民集体土地复垦后不能用于农业生产或恢复原用途的，经当地农民集体同意后，可将这部分临时用地由国家依法征收。

③ 在项目施工过程中，探索建立临时用地监理制度，加强用地批后监管。

A. 用地单位和个人不得改变临时用地的批准用途和性质，不得擅自变更核准的位置、不得无故突破临时用地的范围；

B. 不得擅自将临时用地出卖、抵押、租赁、交换或转让给他人；不得在临时用地上修建永久性建筑物、构筑物和其他设施；

C. 不得影响城市建设规划、市容卫生，妨碍道路交通，损坏通信、水利、电路等公共设施，不得堵塞和损坏农田水系配套设施。

（4）临时用地保护

1）合理减少临时用地

① 在环境与技术条件可能的情况下，积极应用新技术、新工艺、新材料，避开传统的、落后的施工方法，例如在地下工程施工中尽量采用顶管、盾构、非开挖水平定向钻孔等先进的施工方法，避免传统的大开挖，减少施工对环境的影响。

② 深基坑的施工，应考虑设置挡墙、护坡、护脚等防护设施，以缩短边坡长度。在技术经济比较的基础上，对深基坑的边坡坡度、排水沟形式与尺寸、基坑填料、取弃土设计等方案进行比选，避免高填深挖。尽量减少土方开挖和回填量，最大限度地减少对土地的扰动，保护周边自然生态环境。

③ 认真勘察、引用计算精度较高、合理、有效且方便的理论计算，制定最佳土石方的调配方案，在经济运距内充分利用移挖作填，严格控制土石方工程量。

④ 施工单位要严格控制临时用地数量，施工便道、各种料场、预制场要结合工程进度和工程永久用地统筹考虑，尽可能设置在公共用地范围内。

⑤ 在充分论证取土场复垦方案的基础上，合理确定施工场地、取土场地点、数量和取土方式，尽量结合当地农田水利工程规划，避免大规模集中取土，并将取、弃土和改地、造田结合起来。有条件的地方，要尽量采用符合技术标准的工业废料、建筑废渣填筑，减少取土用地。

⑥ 在桥梁设计中宜采用能够降低标高的新型桥梁结构，降低桥头引线长度和填土高度。充分利用地形，认真进行高填路堤与桥梁、深挖路堑与隧道、低路堤和浅路堑等施工方案的优化。

⑦ 在道路建设中，建设单位可以采取线路走向距离最短与控制路基设计高度等措施，优选线路方案，减少占用土地的数量和比例。

2）红线外临时占地要重视环境保护

红线外临时占地要重视环境保护，不破坏原有自然生态，并保持与周围环境、景观相协调。在工程量增加不大的情况下，应优先选择能够最大限度节约土地、保护耕地、林地的方案，严格控制占用耕地、林地，要尽量利用荒山、荒坡地、废弃地、劣质地，少占用耕地和林地。对确实需要临时占用的耕地、林地，考虑利用低产田或荒地（便于恢复）。工程完工后，及时对红线外占地恢复原地形、地貌，使施工活动对周边环境的影响降至最低。

3）保护绿色植被和土地的复耕

建设工程临时占用的土地，对环境的影响在施工结束后不会自行消失，而是需要人为地通过恢复土地原有的使用功能来消除。按照"谁破坏、谁复垦"的原则，用地单位为土地复垦责任人，履行复垦义务。取土场、弃土（渣）场、拌合场、预制场、料场以及当地政府不要求留用的施工单位临时用房和施工便道等临时用地，原则上界定为可复垦的土地。对于可复垦的土地，复耕责任人要按照土地复垦方案和有关协议，确定复垦的方向、复垦的标准，在工程竣工后按照合同条款的有关规定履行复垦义务。

① 清除临时用地上的废渣、废料和临时建筑、建筑垃圾等，翻土且平整土地，造林种草，恢复土地的种植植被。

② 对占用的农用地仍复垦作农田地，在对临时用地进行清理后，对压实的土地进行翻松、平整、适当布设土梗，恢复破坏的排水、灌溉系统。

③ 施工单位临时用房、料场、预制场等临时用地，如果非占用耕地不可，用地单位在使用硬化前，要采取隔离措施将混凝土与耕地表层隔离，便于以后土地的复垦。

④ 因建设确需占用耕地的，用地单位在生产建设过程中，必须开展"耕作层剥离"，及时将耕作层（表层 30cm 土层）的熟土剥离并堆放在指定地点，集中管理，以便用于土地复垦、绿化和重新造地，以缩短耕地熟化期，提高土地复垦质量，恢复土地原有的使用功能。

⑤ 利用和保护施工用地范围内原有绿色植被（特别在施工工地的生活区）。对于施工周期较长的现场，可按建筑永久绿化的要求兴建绿化。

3.6.2　施工总平面布置

施工总平面布置是对拟建项目施工现场的总平面布置，就是对施工中所有占据空间位置的要素进行总的安排，目的是在施工过程中，对人员、材料、机械设备和各种为施工服务的设施所需空间，作出最合理的分配和安排，使它们相互间能够有效组合和安全运行，获得较高的生产效率，从而取得较好的经济效益。具体说就是在施工实施阶段对施工现场总的道路交通、材料仓库、材料加工棚、临时房屋、物料堆放位置、施工设备位置、临时水电管线和整个施工现场的排水系统等做出合理的规划布置，正确处理全工地各项施工设施和永久建筑、拟建工程之间的空间关系。

许多大型的建设项目建设工期往往很长，随着工程的进展，施工现场的布置将不断变化，因此不同的施工阶段有不同的施工总平面布置。

（1）施工总平面布置的依据

1）建设项目所在地区的原始资料，包括建设、勘察、设计单位提供的资料；

2）建设项目建筑总平面图，要标明一切拟建和原有的建筑物，交通线路的平面位置，还有表示地形变化的等高线；

3）建筑工程已有的和拟建的地下管道、设施布置图；

4）总的施工方案、进度计划、质量要求、成本控制，资源需要计划以及储备量计划；

5）建设单位可提供的房屋和其他设施一览表，工地需要的全部仓库和各种临时设施一览表；

6）施工用地范围和用地范围内的水、电源位置，原有的排水系统；

7）项目安全施工和防火标准。

（2）施工总平面布置的原则

1）临时设施的位置和数量，应既方便生产管理又方便生活，因陋就简、勤俭节约。

2）在满足施工需要的前提下，本着节约用地和对施工用地的保护，现场布置紧凑合理，尽量减少施工用地，即不占或少占农田，而且还便于施工管理。

3）科学规划施工道路，在满足施工要求的情况下，场内尽量布置环形道路，使道路畅通，运输方便，各种材料仓库依道路布置，使材料能按计划分期分批进场。

4）为了尽量减少临时设施，要充分利用原有的建筑物、构筑物、交通线路和管线等现有设施为施工服务；临时构筑物、道路和管线还应注意与拟建的永久性构筑物、道路和管线结合建造，并且临时设施应尽量采用装配式施工设施，以提高其安拆速度。

5）科学合理地确定并充分利用施工区域和场地面积，尽量减少专业工种之间的交叉作业；为便于工人生产和生活，施工区和生活区分开，但距离要近。

6）平面图布置应符合劳动保护、技术安全、消防和环境保护的要求。

（3）施工总平面布置内容

1）建设项目施工用地范围内地形和等高线；全部地上、地下已有和拟建的建筑物、构筑物、铁路、道路，还有各种管线、测量的基准点及其他设施的位置和尺寸。

2）全部拟建的永久性建筑物、构筑物、铁路、公路、地上地下管线和其他设施的坐标网。

3）为整个建设项目施工服务的施工临时设施，它包括生产性施工临时设施和生活性施工临时设施两类。

4）所有物料堆放位置与绿化区域位置；围墙与入口位置。

5）施工运输道路，临时供水、排水管线，防洪设施，临时供电线路及变配电设施位置；建设项目施工必备的安全、防火和环境保护设施布置。

（4）交通线路

1）铁路运输

当大量物资由铁路运入工地时，应首先解决铁路由何处引入及如何布置问题。大型工业项目、施工作业区内一般都设有永久性铁路专用线，通常可将其提前修建，以便为工程施工服务。但由于铁路的引入将严重影响场内施工的运输和安全，因此，铁路的引入应靠近工地一侧或两侧。仅当大型工地分为若干个独立的工区进行施工时，铁路才可引入工地中央。此时，铁路应位于每个工区的侧边。

2）公路运输

当大批材料由公路运入工地时，由于公路布置较灵活，一般先将仓库、加工厂等生产性临时设施布置在最经济合理的地方，然后再布置场外交通的引入。

（5）临时设施

施工现场的临时设施较多，这里主要指施工期间为满足施工人员居住、办公、生活福利用房，以及施工所必需的附属设施而临时搭建或租赁的各种房屋，可根据工地施工人数以及施工作业的要求，计算这些临时设施的建筑面积；临时设施必须合理选址、正确用材，确保使用功能且使用方便，并且满足安全、卫生、环保和消防要求。

1）临时设施的种类

① 办公设施，包括办公室、会议室、保卫传达室；

② 生活设施，包括宿舍、食堂、商店、厕所、淋浴室、阅览娱乐室、卫生保健室；

③ 生产设施，包括材料仓库、防护棚、加工棚（如混凝土搅拌站、砂浆搅拌站、木

材加工、钢筋加工、金屑加工和机械维修)、操作棚;

④ 辅助设施,包括道路、现场排水设施、围墙、大门、供水处、吸烟处。

2) 临时设施功能区域划分

施工现场按照功能可划分为施工作业区、辅助作业区、材料堆放区和办公生活区。施工现场以内的办公生活区应当与施工作业区、辅助作业区、材料堆放区分开设置。

办公生活区与作业区之间设置标准的分隔设施,进行明显的划分隔离,并保持安全距离,以免非工作人员误入危险区域。安全距离是指在施工坠落半径(包括起重机工作半径)和高压线防电距离之外(建筑物高度为2～5m,坠落半径为2m;高度为30m时,坠落半径为5m;1kV以下的裸露输电线,安全距离为4m;330～550kV的裸露输电线,安全距离为15m)。如因条件限制,办公生活区设置在坠落半径区域内,必须采取可靠的防护措施。

办公生活临时设施也不得设置在沟边、崖边、河流边、强风口处、高墙下以及滑坡、泥石流等灾害地质带上和山洪可能冲击到的区域。功能区的规划设置时还应考虑交通、水电、消防和卫生、环保等因素。

3) 临时设施的搭设与使用管理

① 办公和生活用房

临时办公和生活用房应采用经济、美观、占地面积小、对周边地貌环境影响较小,且适合于施工平面布置动态调整的多层轻钢活动板房、钢骨架水泥活动板房等标准化装配式结构。

A. 行政管理的办公室等应靠近施工现场或是施工现场出入口,以便联络和加强对外联系;施工管理办公室尽可能布置在比较中心地带,这样便于加强工地管理。

B. 工人居住用临时房屋应布置在施工现场以外,以靠近为宜;当工人居住临时房屋设在施工现场以内时,一般在现场的四周靠边布置或集中于工地某一侧,选择在地势高、通风、干燥、无污染源的位置,防止雨水、污水流入。不得在尚未竣工建筑物内设置员工集体宿舍。福利设施房屋宜布置在生活区,最好设置在工人集中的地方。

C. 食堂宜布置在生活区,也可设置在施工区和生活区之间,食堂应当选择在通风、干燥的位置,防止雨水、污水流入,应当远离厕所、垃圾站、有毒有害场所等有污染源的地方,装修材料必须符合环保和消防要求;商店应布置在生活区工人较集中的地方或工人上下班路过的地方。

D. 厕所大小应根据施工现场作业人员的数量设置;高层建筑施工超过8层以后,每隔4层宜设置临时厕所;施工现场应设置水冲式或移动式厕所,厕所地面应硬化,门窗齐全。

② 生产性临时设施

生产性临时房屋,如混凝土搅拌站、仓库、加工厂、作业棚、材料堆场等应尽量靠近已有交通线路或即将修建的正式或临时交通线路,缩短运输距离,并按照施工的需要,全面分析比较确定位置。

A. 混凝土搅拌站

根据工程的具体情况可采用集中、分散或集中与分散相结合的三种布置方式。当现浇混凝土量大,又有混凝土专用运输设备时,可选用商品混凝土或在工地或工地附近设置大型搅拌站集中布置，其位置可采用线性规划方法确定，否则就要分散设置小型搅拌站，它们的位置均应靠近使用地点或垂直运输设备。此外还可采用分散和集中相结合的方式，视具体情况而定。

B. 塔式起重机的设置

塔式起重机的位置首先应满足安装的需要，同时，又要充分考虑混凝土搅拌站、料场位置，以及水、电管线的布置等。

固定式塔式起重机的位置应根据机械性能、建筑物的平面形状、大小、施工段划分、建筑物四周的施工现场条件和吊装工艺等因素决定，一般宜靠近路边，减少水平运输量。有轨式塔式起重机的轨道沿建筑物一侧或内外两侧布置，主要取决于建筑物的平面形状、尺寸和四周施工场地条件。

C. 材料堆场与仓库

材料堆场与仓库的布置通常区别不同材料、设备和运输方式，考虑设置在运输方便、位置适中、运距较短并且安全的地方，并根据各个施工阶段需要的先后进行布置，尽量节约用地。

材料堆场：

a. 建筑材料的堆放应当根据用量大小、使用时间长短、供应与运输情况确定，用量大、使用时间长、供应运输方便的，应当分期分批进场，以减少堆场面积；

b. 施工现场各种工具、构件、材料的堆放必须选择适当位置，既便于运输和装卸，又应减少二次搬运。

仓库：

a. 仓库的类型和位置

当采用铁路运输时，中心仓库尽可能沿铁路专用线布置，并且要留有足够的装卸前线，否则要在铁路线附近设置周转仓库；布置铁路沿线周转仓库时，应将仓库设置在靠近工地一侧，以免内部运输跨越铁路。同时仓库不宜设置在弯道处或坡道上；当采用水路运输时，一般应在码头附近设置转运仓库，以缩短船只在码头上的停留时间；当采用公路运输时，周转仓库、中心仓库可布置在工地中心区或靠近使用地点，也可以布置在靠近外部交通连接处；一般材料仓库应邻近公路（装卸时间长的不靠近路边）和施工区（靠近使用点）。

b. 施工场地仓库位置

水泥库应当选择地势较高、排水方便的地方；水泥库和砂、石堆场应设置在搅拌站附近，既要相互靠近，又要便于材料的运输和装卸；砖、砌块和预制构件应当直接布置在垂直运输机械或用料点的附近，以免二次搬运；钢筋、木材仓库应布置在加工厂附近。

工具库应布置在材料加工区与施工区之间交通方便处，零星和专用工具可分设施工区段；车库应布置在现场的入口；油料、氧气、电石库等易燃易爆材料库应布置在边远、人少，并且是下风向的安全地点。

工业项目建筑工地还应考虑主要设备的仓库（或堆场），笨重设备应尽量放在车间附近的设备组装场，其他设备仓库可布置在车间外围或其他空地上。

D. 防护棚

施工现场的防护棚较多，如加工站厂棚、机械操作棚、通道防护棚等。大型站厂棚可用砖混、砖木结构，应当进行结构计算，保证结构安全；小型防护棚一般用钢管扣件脚手架搭设，应当严格按照（建筑施工扣件式钢管脚手架安全技术规范）要求搭设。

E. 加工场

各种加工场的布置均应以在不影响建筑安装工程施工正常进行的条件下，方便生产、安全防火、环境保护和运输费用少为原则。一般应将加工场集中布置在同一个地区，且多处于工地边缘，并且将各加工场以及与其相应的仓库或材料堆场布置在同一地区。

预制加工场：尽量利用建设单位的空地，如材料堆场、铁路专用线转弯的扇形地带或场外临近处。

钢筋加工场：对于需进行冷加工、对焊、点焊的钢筋和大片钢筋网，宜设置中心加工场，其位置应靠近混凝土预制构件加工场；对于小型加工件，利用简单机具成型的钢筋加工，可在靠近使用地点的各个分散钢筋加工棚里进行。

木材加工场：一般原木、锯材堆场应布置在铁路、公路或水路沿线附近；木材加工场和成品堆放场要按工艺流程布置在施工区边缘的下风向。

砂浆搅拌站：对于工业建筑工地，由于砌筑工程量不大，故砂浆量小且分散，集中拌制容易造成浪费，故最好采取分散设置在各使用地点。

金属结构、锻工、电焊和机修等车间等，由于它们在生产上联系密切，宜布置在一起。

产生有害气体和污染空气的临时加工场，如沥青池、生石灰熟化池、石棉加工场等应靠边布置，并且位于下风向。

F. 辅助设施

场内运输道路：

a. 充分利用拟建的永久性道路，即提前修建永久性道路或者先修路基和简易路面，作为施工所需的临时道路，在工程结束之前再铺筑路面，以达到减少道路占用土地，节约投资的目的。

b. 一般先施工管网，临时道路应尽量布置在无管网地区或扩建工程范围的地段上，以免开挖管道沟时破坏路面。

c. 理想的临时道路应该要把仓库、加工厂和施工点等合理地贯穿起来。

d. 为保证施工现场的道路畅通，道路应有两个以上进出口，应尽量设置环形道路或末端设置回车场地；且尽量避免临时道路与铁路交叉；主要道路宜采用双车道，次要道路宜采用单车道，并满足运输、消防要求。

G. 封闭管理

围挡：

a. 施工现场围墙应该采用轻钢结构预制装配式活动围挡，以减少建筑垃圾，保护环境。

b. 施工现场围挡一般应高于1.8m，应沿工地四周连续设置，不得留有缺口，并根据地质、气候、围挡材料进行设计与计算，确保围挡的安全性。

c. 禁止在围挡内侧堆放泥土、砂石等散状材料以及架管、模板等，严禁将围挡作挡土墙使用。

大门：施工现场应当有固定的出入口，出入口处应设置牢固美观的大门，大门上应标有制作企业的名称和标识。

（6）临时水电管网及其他动力设施的布置

1）临时水电管网

首先根据施工现场具体情况，确定水源和电源的类型和供应量，然后确定引入现场的主干管（线）和支干管（线）的供应量和平面布置形式。

① 当有可以利用的水、电源时，可直接将利用的水、电源从外面接入工地，沿工地内主要干道布置主干管（线），并且通过支干管（线）与各用户接通。考虑安全，临时总变电站应设置在高压线引入工地处，不应放在工地中心（避免高压线穿过工地）；临时水池、水塔应设在用水中心和地势较高处。

② 当没有可利用的水、电源时，可在工地中心或靠近主要用电区域设置临时发电设备；为了获得水源，可设置抽水设备和加压设备抽吸地上水或地下水。

③ 管网一般沿道路布置，供电线路应避免与其他管道设在同一侧。施工现场供水电管网的线路布置相似，有环状、枝状和混合式三种形式。

④ 水电管网均可布置在地面以下，但电管网也可采用架空布置，距路面或建筑物不小于 6m。

2）消防设备

一般建设项目，要设置消防通道和消火栓，大规模建设项目还要设置消防站，根据工程防火要求，一般消防站应设置在易燃建筑物（木材、仓库等）附近，沿工地道路布置的消火栓间距不得大于 120m，与拟建房屋的距离不得大于 25m，并不小于 5m，距离路边不得大于 2m。

（7）评价施工总平面布置指标

施工总平面布置方案的评价指标有：施工占地总面积、土地利用率、施工设施建造费用、施工道路总长度和施工管网总长度等。

施工总平面图的布置虽有一个基本程序和原则，但实际工作中不能绝对化，对于设计出若干个不同的布置方案，通常需要在综合分析和计算的基础上，反复修改，对每个可行的施工总平面布置方案进行综合评价，方能确定出一个较好的布置方案。

（8）施工总平面设计优化方法

场地分配优化法、区域叠合优化法、选点归邻优化法、最小树选线优化法是几种常用的施工场地平面设计优化计算方法。这几种简便的优化方法在使用中，还应根据现场的实际情况，对优化结果加以修正和调整，使之更符合实际要求。

1）场地分配优化法

施工总平面通常要划分为几块作业场地，供几个主要专业工程作业使用。根据场地情况和专业工程作业要求，某一块场地可能会适用一个或几个专业化工程使用，但一个专业工程只能占用一块场地，因此我们以主要服务对象就近服务（运距最短）为原则，经过计算，合理分配各个专业工程的作业场地，以满足各自作业要求。

2）区域叠合优化法

施工现场的生活福利设施主要是为全工地服务的，因此它的布置数量和位置的确定应力求使用方便、组合线路最短并且合理，各服务点的受益大致均衡。确定这类临时设施的位置可采用纸面作业的区域叠合优化法。

3）选点归邻优化法（最优设场点）

各种生产性临时设施如材料仓库、混凝土搅拌站等，各服务点的需要量一般是不同的，要确定其最佳位置必须要同时考虑需要量与距离两个因素，使总的运输数（t·km）最小，即满足目标函数最小，也就是占地最少。

当道路没有环路时，选择优设场点相对简单，可概括为：道路没有圈，检查各个端，小半归临站，够半就设场；当道路有环路时，数学上已经证明，最优设场点一定在某个服务（需）点或道路交叉点上。因此，只能先假定每个服务（需）点或道路交叉点为最优设场点，然后分别计算到每个服务（需）点的运输吨公里数，最小者即为优设场点。

3.6.3 节地与用地保护技术

1. 可移动临时厕所

（1）主要技术内容

可移动式临时厕所是项目人性化管理的体现，现场变得更加整洁，为施工现场文明施工管理以及环境卫生的保持提供了基础。

可移动式临时厕所采用的材料均为施工现场废旧物资，包括（彩钢板、角钢、模板、钢筋头、木方等）。单个临时厕所所需材料如下：HH-YXB 900 型彩钢板，面积为 10.32m²；角钢 L40×4.18m（缺少时可用钢筋头代替）；废旧模板，板厚 15mm，面积 3.2m²，木方子 40mm×80mm，长 3m；小便器一个，大便箱一个；软管一根，塑料桶一个；自攻钉，膨胀螺丝若干。

制作步骤：

1）用废旧角钢焊接临时厕所骨架；

2）安装大便蹲位、小便器、外围彩钢板等，彩钢板与角钢骨架用自攻钉固定，角钢与地面用膨胀螺丝固定。

（2）技术指标

可移动式临时厕所制作应符合《钢结构工程施工质量验收规范》GB 50205—2001 等国家现行相关标准和应用技术规程的规定。

（3）环境效益

1）施工现场废旧物资的利用

可移动式临时厕所采用废旧彩钢板、废旧模板、钢筋头、废旧角钢等材料，充分发挥了废旧材料的作用。真正做到了变废为宝，同时此移动厕所可以循环、周转使用。

2）施工现场的卫生环境控制

未安放可移动式临时厕所的施工现场，存在卫生死角，现场个别部位污水横流，臭不可闻，劳动条件差，与文明施工、绿色施工的要求相去甚远。在现场安放可移动式临时厕所后，配合对施工员的文明施工教育及相应的惩奖措施，彻底解决了施工现场工人随地大小便的问题。

2. 复耕土的利用

（1）主要技术内容

国家及地方对耕地的政策要求越来越严，铁路施工对临建工程标准化也越来越严，耕地越来越珍贵，铁路临建工程大多都存在征用土地情况，这就要求临建占用耕地待工程完工后必须对原有耕地进行恢复，而在耕地原有腐殖土少的地区，二次利用耕地腐殖土就显得尤为重要。在临建工程清表施工前，先将地表约 30cm 厚度范围内的耕植土统一堆起，现场用袋装存储并堆码整齐，上部采用放置临建场地周边后待施工完毕统一利用耕植土恢复耕地，以免从外地调运。

（2）环境效益

复耕土袋装存储并堆码整齐，符合现场标准化建设要求，防止了水土流失。同时，上面覆盖上彩条布防止大风吹起，防止造成扬尘，且能避免下雨造成泥石流。

3.7 其他绿色施工技术及其应用

"四新"技术包括新技术、新工艺、新材料、新设备，主要有信息化施工技术、废水泥浆钢筋防锈蚀技术、混凝土输送管气泵反洗技术、楼梯间照明改进技术、贝雷架支撑技术、施工竖井多滑轮组四机联动井架提升抬吊技术、桅杆式起重机应用技术、金属管件内壁除锈防锈机具、新型环保水泥搅浆器、静力爆破技术、数控钢筋弯箍机集中加工技术等。

《中国建筑技术发展纲要》集中反映了我国建筑业、勘察设计咨询业在"十二五"期间的技术进步要求，确定了我国新时期建筑技术发展的主要任务和目标、具体的技术政策要求与需采取的主要措施。绿色发展成为《纲要》的主线和重要内容。《纲要》正文包括十三章，渗透了关于绿色发展的要求，对构成建筑技术的重要分支体系作出了绿色发展的要求；在建筑施工新技术研发一章，单设一节阐述推广应用绿色施工技术、实现"四节一环保"的技术发展要求。

《纲要》除正文部分，还包含 14 个方面的技术政策。各技术政策同样渗透了绿色发展的要求。《绿色与可持续发展技术政策》以可持续发展理论为指导，规定了"十二五"期间发展绿色建筑技术的任务和目标、技术政策和主要措施。根据全生命周期原理，该政策确定了绿色建筑技术发展的 8 个具体目标，其中涉及建筑施工技术单设一条，要求开展绿色施工技术的研究与工程应用，积极应用"四新"技术，逐步发展以工厂化生产、现场装配的建筑工业化体系，减少建筑施工对环境的影响，实现建筑施工垃圾的减量化。《建筑施工技术政策》则要求在保证工程质量安全的基础上，将绿色施工技术作为推进建筑施工技术进步的重点和突破口。该政策明确了建筑施工技术发展的目标、政策和措施。关于"十二五"期间建筑施工技术发展的具体目标有 8 个，其中"推进 BT、BOT 总承包模式和'设计施工一体化'的总承包项目管理方式"为首要目标，该目标的确定有利于为实施绿色建造改进现有项目管理模式；第四个目标"建立和完善绿色施工技术标准体系，推进以节能减排为核心的绿色施工，实施绿色施工面达到 50%"。明确了绿色施工技术进步的总要求；从第五个目标到第八个目标，包括住宅产业化、建筑工业化、信息化管理和信息化施工、预拌砂浆使用率、现场模板使用周转次数等则为绿色施工技术进步重要的支撑性目标。

国家"十二五"科技支撑计划"建筑工程传统施工技术绿色化及现场减排技术研究与示范"提出了"十三五"绿色施工技术研究的战略线路：在"十二五"研究基础上，"十三五"期间将结合国内外绿色施工的难点和热点问题，实现"一个突破三个强化"，即突破绿色施工低碳技术难点和热点，强化绿色施工的定量化、程序化和标准化建设，力争形成国内先进并具有国际竞争力的绿色施工技术。国家"十二五"科技支撑计划"公共机构新建建筑绿色建设关键技术研究与示范"课题确定了实现绿色设计的绿色建造关键技术研究方向。依照规划要求及愿景，未来5～10年将推广实践以下领域绿色施工技术：

3.7.1　新型建筑工业化施工技术

建筑工业化要求采用最新的科技、管理手段，最大程度提高建筑部品、部件工厂化生产和现场装配化水平，建造过程可以通过几个甚至一个联合的建造单位达到最大程度的整合。

我国的建筑业首先要加快完成传统的建筑工业化任务。由于建筑的单一性和部品部件的非标准化，传统的建筑工业化，建造对象局限于单一的工程项目，采取的方法是采用小批量的预制标准部件，例如：在墙体方面，采用预制的和标准模块的砌体建造墙体；在管线方面，采用预制的管道和支管建造管线系统；在电气线路方面，采用预制线缆和开关组建送配电线路。传统的建筑工业化依旧摆脱不了高度分散、现场装配规模和效率低下的局面，但却是迈向新型建筑工业化必经之路。

新型建筑工业化基于最新的信息化、自动化工业技术，使得建造过程达到高度整合。这种整合与施工过程相关的任务包括：建筑设计标准化、部品与部件工厂化生产、现场施工装配化、土建装修一体化及自动化、物流高效低成本化、管理运营信息化。

建筑设计标准化不仅要解决建筑产品的标准化问题，而且要基于总承包的模式开发设计导向的预制与装配技术 Design for Manufacturing and Assembly（DFMA），使得设计与施工过程达到高度整合，这种整合要借助于企业资源计划系统 Enterprise Resource Planning Systems（ERP）、建筑信息模型（BIM）等技术。

部品与部件工厂化生产要解决产品出厂与施工装配的连接与追溯性问题，包括场外预制工厂和现场预制加工厂两种情况。场外预制工厂可借助计算机整合制造技术 Computer Integrated Manufacturing（CIM）；现场预制工厂要开发使用移动自动化系统 和工业机器人技术。

装配式施工技术有利于提高生产效率，减少施工人员，节约能源和资源，保证建筑质量；更符合"四节一环保"要求，与国家可持续发展的原则一致。装配式施工技术包含施工图设计与深化、精细制造、质量保持、现场安装及连接节点处理等技术。

土建装修一体化是现阶段实现现场装配高度整合的一个重要方面。针对不同的现场条件和建筑工厂化水平，一体化施工要依靠自动化技术的支撑，可以根据技术条件分层次推展即：单机自动化、分系统自动化、全过程自动化。

建筑部品部件物流高效低成本化，需要采用精益制造和 BIM 技术在管理流程、管理手段方面进行创新，开展制造、物流、装配的整合设计 DFMLA（Design for Manufacture，Logistics and Assembly）是重要途径，高效低能耗的运输机械是重要的手段。

管理运营信息化要求进一步改进施工管理模式，基于 BIM 技术进一步整合设计、施工、试运营的信息。通过设计数据、计划数据、实测数据对比，进行模拟分析，用以指导装配施工的计划编制、过程控制和验收评价，同时对于工程试运营、生命周期的运营及建筑拆除时的部分部品部件的再利用起到参考作用。

3.7.2　信息化施工技术

信息化施工技术是指利用计算机、网络和数据库等信息化手段，对工程项目施工图设计和施工过程的信息进行有序存储、处理、传输和反馈的施工方式。信息化施工有利于施工图设计和施工过程的有效衔接，有利于各方、各阶段的协同和配合，从而有利于提高施工效率，减小劳动强度。信息化施工技术应注重于施工图设计信息、施工过程信息的实时反馈、共享、分析和应用，开发面向绿色施工全过程的模拟技术、绿色施工全过程实时监测技术、绿色施工可视化控制技术以及工程项目质量、安全、工期与成本的协同管理技术，建立实时性强、可靠性好、效率高的信息化施工技术系统。

3.7.3　地下资源保护及地下空间开发利用技术

地下空间的开发可以缓解城市快速发展带来的一系列问题（城市用地严重不足、建筑密度过大、绿化率过低、环境恶化等）。但地下空间的开发，不能以损坏地下环境为代价，应研发符合绿色施工理念的地下空间开发利用技术，并注重地下资源的保护和合理利用。

在地下工程施工中，为确保施工过程安全和质量，优先采用暗挖施工方法，推广应用地下水排放少、环保、机械化程度高的施工技术。地下管线施工中推广应用机械顶管、盾构等非开挖技术。尤其要重视地下水资源的保护，开发运用地下工程施工不降水技术、基坑施工封闭降水技术等。在房屋大型地下室工程施工中，应积极采用先进的深基坑支护技术、逆作和半逆作法施工技术、深基坑动态监测技术、地下降水的回灌与再利用技术。

3.7.4　楼宇设备及系统智能化控制技术

楼宇设备智能化控制是采用先进的计算机技术和网络通信技术结合而构成的自动控制方法，其目的在于使楼宇施工和运行中的各种设备系统高效运转，合理管理能源，自动节约资源。因此，楼宇设备及系统智能化控制技术是绿色施工技术发展的重要领域，应选择节能降耗性能好的楼宇设备，开发能源和资源节约效率高的智能控制技术，并广泛应用于建筑工程项目中。

3.7.5　建筑材料与施工机械绿色性能评价及选用技术

选用绿色性能好的建筑材料与施工机械是推进绿色施工的基础，因此，建筑材料和施工机械绿色性能评价及选用技术是绿色施工实施的基础条件，其重点和难点在于采用统一、简单、可行的指标体系对施工现场各式各样的建筑材料和施工机械进行绿色性能评价，从而方便施工现场选取绿色性能相对优良的建筑材料和施工机械。建筑材料绿色性能评价可注重于废渣排放、废水排放、废气排放、尘埃排放、噪声排放、废渣利用、水资源利用、能源利用、材料资源利用、施工效率等指标；施工机械绿色性能评价可重点关注工作效率、油耗、电耗、尾气排放、噪声等指标。

3.7.6　高强钢与预应力结构等新型结构开发应用技术

绿色施工的推进应鼓励高强钢的广泛使用，应高度关注和推广预应力结构和其他新型结构体系的应用。一般情况下，该类新型结构具有节约材料、减小结构截面尺寸、降低结构自重等优点，有助于绿色施工的推进和实施；但是可能同时存在生产工艺较为复杂、技术要求高等不足。因此，突破新型结构体系开发的重大难点，建立新型结构成套施工技术，是绿色施工发展的一大主题。

3.7.7 多功能高性能混凝土技术

混凝土是建筑工程使用最多的材料之一，混凝土性能的改进与研发，对绿色施工的推进具有重要作用。多功能混凝土包括轻型高强混凝土、重晶石混凝土、透光混凝土、加气混凝土、植生混凝土、防水混凝土和耐火混凝土等。高性能混凝土要求包括强度高、强度增长受控、可泵性好、和易性好、热稳定性好、耐久性好、不离析等性能。多功能高性能混凝土是混凝土的发展方向，符合绿色施工的要求，应从混凝土性能和配比、搅拌和养护等方面加以研发并推广应用。

重点推广应用混凝土结构裂缝与防治技术、高性能混凝土技术、工业废渣和矿渣利用技术、现浇与预制清水混凝土技术、轻质混凝土自保温技术、混凝土自防水技术、再生混凝土技术、纤维混凝土技术、透水混凝土技术与植被混凝土技术等。

3.7.8 新型模架开发应用技术

模架工程是混凝土施工的重要工具，其便捷程度和重复利用程度，对施工效率和材料资源节约等有重要影响。新型模架包括自锁式、轮扣式、承插式支撑架或脚手架，钢模板、塑料模板、铝合金模板、轻型钢框模板及大型自动提升工作平台，水平滑移模架体系，钢木组合龙骨体系、薄壁型钢龙骨体系、木质龙骨体系、型钢龙骨体系等。开发新型模架及其应用技术，探索建立建筑模架产供销一体化、专业化服务体系、供应体系和评价体系，可为建筑模架工程的节材、高效、安全提供保障，为建筑工程绿色施工提供支持。

3.7.9 现场废弃物减量化及回收再利用技术

我国建筑废弃物数量已占城市垃圾总量的三分之一左右。建筑废弃物的无序堆放，不但侵占了宝贵的土地资源，耗费了大量费用，而且清运和堆放过程中的遗撒和粉尘、灰砂飞扬等问题又造成了严重的环境污染。因此，现场废弃物的减量化和回收再利用对于保护土地资源，减少环境污染具有重要作用；现场废弃物减量化及回收再利用技术是绿色施工技术发展的核心主题。现场废弃物处置应遵循减量化、再利用、资源化的原则。首先要研发并应用建筑垃圾减量化技术，从源头上减少建筑垃圾的产生。当无法避免其产生时，应立足于现场分类、回收和再生利用技术研究，最大限度地对建筑垃圾进行回收和循环利用。对于不能再利用的废弃物，应本着资源化处理的思路，分类排放，充分利用或进行集中无害化处理。

3.7.10 人力资源保护及高效使用技术

建筑业是劳动密集型产业。应坚持"以人为本"的原则，以改善作业条件、降低劳动强度、高效利用人力资源为重要目标，对施工现场作业、工作和生活条件进行改造，进行管理技术研究，减少劳动力浪费，积极推行"四新"技术，进行工艺技术研究，改善施工现场繁重的体力劳动现状，提升现场机械化、装配化水平，强化劳动保护措施，把人力资源保护和高效使用的发展主题落到实处。

3.7.11　构建绿色施工数据库

绿色施工以资源高效利用、环境保护与施工作业条件改善为目标，以建筑工业化为实现手段，以信息技术、自动化技术为支撑，以生产要素及过程的整合为价值实现的渠道，整个过程在策划、实施、评价需要以信息为纽带，需要建立绿色施工数据库，进行定量化考核。在单个项目的基础上，通过区域同类型工程数据的分析，制定关键数据的基准数值；通过计划数据、实测数据与基准数据的对比，进行模拟分析，用以指导绿色施工的计划编制、过程控制和实施评价。

绿色施工是可持续发展的需要，是一个系统工程，涉及各种专业和各个方面，很多课题有待于进行深入有效的研究，绿色施工需要承包商、业主、政府和社会各界的参与。只有这样，才能使绿色施工不仅仅是停留在口号和概念上，而使其落实到具体的施工中，获得有效的结果，为可持续发展贡献一份力量。

思考题：

1. 施工过程中如何进行环境保护？其意义如何？

2. 建筑施工中扬尘的危害有哪些？如何控制扬尘？

3. 建筑过程中如何处理污水？水污染的防治指标有哪些？

4. 建筑施工中如何控制和减少建筑垃圾量？

5. 何谓施工节能？简述施工节能与建筑节能的区别与联系。

6. 施工节能的主要措施有哪些？

7. 为什么说要保障和实现水资源的可持续发展，就要不断提高用水效率？

8. 什么是中水？我国中水回用中存在哪些问题？

9. 阐述建筑节材与节能的关系。

10. 为什么要推广商品混凝土和商品砂浆？

11. 哪些土地一般不得作为临时用地？

12. 简述施工场地内水泥库，砂、石堆场，砖、砌块和预制构件，钢筋、木材仓库布置的一般规则。

第4章 绿色施工与绿色建筑

本章学习要点：

了解绿色建筑、节能建筑及超低能耗建筑的概念；理解绿色施工与绿色建筑、节能建筑及超低能耗建筑的关系。

4.1 绿色施工与绿色建筑

4.1.1 绿色建筑的定义与内涵

众所周知，建筑物在其设计、建造、使用、拆除等整个生命周期内，需要消除大量的资源和能源，同时往往还会造成严重的环境污染问题。据统计，建筑物在其建造、使用过程中消耗了全球能源的50%，产生的污染物约占污染物总量的34%。鉴于全球资源环境方面面临的种种严峻现实，社会、经济包括建筑业的可持续发展问题必然成为人们关注的焦点，并纷纷上升为国策。绿色建筑（green building）正是遵循保护地球环境、节约资源、确保人居环境质量这样一些可持续发展的基本原则，由西方发达国家于20世纪70年代率先提出的一种建筑理念。从这个意义上说，绿色建筑也就是可持续建筑。

根据联合国21世纪议程，可持续发展应具有环境、社会和经济三方面内容。国际上对可持续建筑的概念，从最初的低能耗（low energy）、零能耗（zero energy）建筑，到后来的能效建筑（energy efficient building）、环境友好建筑（environmentally friendly building），再到近年来的绿色建筑（green building）和生态建筑（ecological building），有着各种各样的提法。我们不妨这样来归纳一下：低能耗、零能耗建筑属于可持续建筑发展的第一阶段，能效建筑、环境友好建筑属于第二阶段，而绿色建筑、生态建筑可认为是可持续建筑发展的第三阶段。近年来，绿色建筑和生态建筑这两个词被广泛应用于建筑领域中，人们似乎认为这二者之间的差别甚小，其实不然，绿色建筑与居住者的健康和居住环境紧密相连，其主要考虑建筑所产生的环境因素；而生态建筑则侧重于生态平衡和生态系统的研究，其主要考虑建筑中的生态因素。还应注意，绿色建筑综合了能源问题和与健康舒适相关的一些生态问题，但这不是简单的一加一，因此绿色建筑需要采用一种整体的思维和集成的方法去解决问题。

究竟什么是绿色建筑呢？由于各国经济发展水平、地理位置和人均资源等条件的不同，国际上对绿色建筑定义和内涵的理解不尽相同。英国建筑设备研究与信息协会（BSRIA）指出，一个有利于人们健康的绿色建筑，其建造和管理应基于高效的资源利用和生态效益原则。美国加利福尼亚环境保护协会（Cal/EPA）指出：绿色建筑也称为可持续建筑，是一种在设计、修建、装修或在生态和资源方面有回收利用价值的建筑形式。绿色建筑要达到一定的目标，比如高效地利用能源、水以及其他资源来保障人体健康，提高

110

生产力，减少建筑对环境的影响。我国在国家标准《绿色建筑技术导则》和《绿色建筑评价标准》中，将绿色建筑明确定义为"在建筑的全寿命周期内，最大限度地节约资源（节能、节地、节水、节材）、保护环境和减少污染，为人们提供健康、适用和高效的使用空间，与自然和谐共生的建筑"。

关于绿色建筑，也可以理解为是一种以生态学的方式和资源有效利用的方式进行设计、建造、维修、操作或再使用的构筑物。绿色建筑的设计要满足某些特定的目标，如保护居住者的健康，提高员工的生产力，更有效地使用能源、水及其他资源以及减少对环境的综合影响等。绿色建筑涵盖了建筑规划、设计、建造及改造、材料生产、运输、拆除及回收再利用等所有和建筑活动相关的环节；涉及建设单位、规划设计单位、施工与监理单位、建筑产品研发企业和有关政府管理部门等。绿色建筑概念有狭义和广义之分。以狭义来说，绿色建筑是在其设计、建造以及使用过程中节能、节水、节地、节材的环保建筑。以广义而言，绿色建筑是人类与自然环境协同发展、和谐共进，并能使人类可持续发展的文化。它包括持续农业、生态工程、绿色企业，也包括了有绿色象征意义的生态意识、生态哲学、环境美学、生态艺术、生态旅游以及生态伦理学、生态教育等诸多方面。除了绿色建筑以外，生态节能建筑、可持续发展建筑、生态建筑也可看成是和绿色建筑相同的概念，而智能建筑、节能建筑则可视为应用绿色建筑理念的一项综合工程。

当然，还有很多关于绿色建筑的观点，但归纳起来，绿色建筑就是让我们应用环境回馈和资源效率的集成思维去设计和建造建筑。绿色建筑有利于资源节约（包括提高能源效率、利用可再生能源、水资源保护）；它充分考虑其对环境的影响和废弃物最低化；它致力于创建一个健康舒适的人居环境，致力于降低建筑使用和维护费用；它从建筑及其构件的生命周期出发，考虑其性能和对经济、环境的影响。

4.1.2 绿色建筑的特点

绿色建筑包括以下三方面：一是节约资源，包括节约能源、水资源、土地、材料；二是保护环境，强调减少有害气体排放，减少对环境的破坏，保持生态的稳定性；三是提升生活的舒适度。中国建筑科学研究院上海分院孙大明等人，按照时间维度将绿色建筑分为"浅绿阶段"、"深绿阶段"和"泛绿阶段"。2004年至2008年，国内建筑建设尝试使用绿色技术和产品，这一阶段的绿色理念仅体现在产品和技术的应用上，称为"绿"阶段，主要以试点建筑为主，如上海建科院办公楼；2008年开始，随着绿色建筑评价相关的标准和导则等一系列法规导则的颁布，一些建筑从策划、设计、建设、运行、产品等各个环节展现绿色，体现因地制宜思想的建筑明显增多增多，称为"深绿"阶段，到目前为之我们现在仍然属于"深绿"阶段；"泛绿"阶段，绿色理念获得了广泛发展，普通人群也普遍接受绿色理念，绿色建筑成为普通建筑。

4.1.3 绿色建筑技术及其应用问题

绿色建筑突破传统建筑技术的种种制约，集成了绿色配置、自然通风、自然采光、低能耗围护结构、新能源利用、中水回用、绿色建材和智能控制等高新技术，具有选址规划合理，资源利用高效循环，节能措施综合有效，建筑环境健康舒适，废物排放减量无害和建筑功能灵活适宜等特点。它与一般传统建筑的区别，在四个方面可以体现。第一，传统建筑能耗非常大；绿色建筑则大大减少了能耗。第二，传统建筑采用的是商品化的生产技术，建造过程的标准化、产业化，造成了建筑风貌大同小异；而绿色建筑强调的是采用本地的文化、本地的原材料，尊重本地的自然、本地的气候条件。正是这种风格上的本土化，催生出新的建筑美学，即所谓"向大自然索取最少的也就是最美的"。这样的建筑可以实现兼顾舒适和实用的标准，为人们创造一种新的美感和健康舒适的生活条件。第三，传统建筑是封闭的，与自然环境完全隔离，室内环境往往是不利于健康的；而绿色建筑的内部与外部采取有效连通的办法，会对气候变化自动调节。这意味着它对房内人员的负荷、环境的负荷会敏感地、自动地进行调节，从而为人类创造一个非常舒适、健康的室内环境。第四，传统建筑仅仅是在建造过程或使用过程中对环境负责而绿色建筑则强调全面负责，强调建筑从诞生到拆除、终结的全生命周期内，即包括从原材料的开采、加工、运输到使用，直至建筑物的废弃、拆除，甚至再利用的全过程，都要对全人类负责，对地球负责。

国外发达国家对绿色建筑的探索起步较早，建筑科技起点高，其绿色建筑理念加强了建筑对周边地区资源的利用以增加其生态功能，往往采用最新的建筑科技成果去达到这一目的。建筑师们主要是从环境的角度来考虑，对建筑的声、光、热、水等环境进行细致的深入研究，甚至利用高科技手段去营造最新的建筑产品设计和最好的视觉效果，从而克服现有建筑当中的一些固有缺憾。当然绿色建筑技术应用会受到社会、经济及其他因素的影响，建筑师是否能把一些最新的科技运用到建筑中，并实现绿色建筑目标，这也得视具体条件而论。比如在美国设计、建造的坐落在菲律宾首都马尼拉的一座绿色建筑中，为实现建筑的"绿色"功能，他在大楼内大胆地设计了两条从上至下的公共生态隔离区。这个隔离区建在玻璃幕墙的后面，楼里的植被也是经过研究，确认适合室内环境生存后而从当地选取的。楼里的每一个住户一开门就能看到错落有致的自然植被，充分领略到建筑具有更多环境和绿化上的功能。为达到这一目的，人们还进行了大量流体力学方面的研究，为摸清空气在绿色隔离区的流动情况，设计者每天在不同时段进行实验，看能否通过人工的手段来控制自然光、室内温度和湿度，并且把空气质量控制与夏威夷一样，以满足居民的环境需求。这种方式受到了当地大众的认可，然而在发展中国家的其他工程项目中，由于受资金和技术的限制，这种楼内分区、种植被的绿色建筑设计方案就很难加以应用推广。

我国政府结合自己的国情，提出绿色建筑的核心是"四节一环保"，即节能、节地、节水、节材和保护环境，落到实处就是发展节能省地型住宅和绿色建筑（包括办公建筑、商场建筑和旅馆建筑）。我们正处于经济快速发展阶段，作为大量消耗能源和资源的建筑业，必须加速发展绿色建筑，尽快改变当前高投入、高消耗、高污染、低效率的模式，坚持技术创新，走科技含量高、资源消耗低与环境污染少的新型工业化道路，实现建筑业的可持续发展。为顺利推进绿色建筑技术的应用，首先应加大宣传、推广力度，使全社会对这项工作的重要意义及相关知识能有充分的认知，应编制、完善相应技术规范，使绿色建筑在付诸实施时不乏操作依据。发展绿色建筑，应倡导城乡统筹、循环经济的理念和紧凑型城市空间的发展模式；全社会参与，挖掘建筑节能、节地、节水、节材的潜力；正确处理节能、节地、节水、节材、环保及满足建筑功能之间的辩证关系。发展绿色建筑，应注重经济性，从建筑的全寿命周期综合核算效益和成本，引导市场发展需求，适应地方经济状况，提倡朴实简约，反对浮华铺张；应注重地域性，尊重民族习俗，依据当地自然资源条件、经济状况、气候特点等，因地制宜地创造出具有时代特点和地域特征的绿色建筑；应注重历史性和文化特色，要尊重历史，加强对已建成环境和历史文脉的保护和再利用。绿色建筑的建设还必须符合国家的法律法规与相关的标准规范，实现经济效益、社会效益和环境效益的统一。

当然，绿色建筑技术应用还存在许多有待解决的问题，其中较突出的是绿色建筑的造价比传统建筑要高。一般说来，绿色建筑在达到节能 60% 标准的情况下，其造价并不会太高，只是在原来建筑造价基础上增加 5～7 个百分点，而且建筑使用者增加的造价预计在 5～8 年的时间内就可以收回。绿色建筑虽然会在一定程度上提升成本，但它向人们提供的室内环境质量却是完全不一样的，它对外部环境的影响也是大不一样。以大量的能源消耗和破坏环境为代价所获得的舒适、豪华建筑当然不符合绿色建筑的要求；但放弃舒适性，回到几乎不消耗能源、资源的原始茅草屋中，却也不为绿色建筑所提倡。绿色建筑应是消耗最少的能源和资源，给环境和生态带来的影响最小，同时能为居住和使用者提供健康、舒适而高效额的建筑环境与良好服务。大量居住建筑和大型公共建筑在建造和运行过程中，不可避免地要消耗大量的自然资源和能源，并对生态环境产生不同程度的负面影响。在改善和提高人居环境质量的同时，如何促进资源和能源的有效利用，减少污染，保护资源和生态环境，是建筑业发展面临的关键问题，也是业内人士致力解决的重大课题。将可持续发展的理念融合到建筑的全寿命过程中，发展绿色建筑，已成为今后建筑技术发展的必然趋势。

4.1.4 绿色施工与绿色建筑的关系

建筑业所特有的周期长、大量的资源和能源消耗、废弃物多等特点使得在施工过程中必然对环境、资源造成严重的影响。在很多情况下，建筑建造过程其实就是一个将非自然成分的人造系统代替现存在场地上的自然资源。在建造以及拆除的过程中大量的废弃物产生，同时还会带来灰尘、微粒等空气污染。事实上那些建造中产生的废弃物材料经过重新修复和整修可以重新进行利用，但是就目前的施工单位情况来看，绝大部分施工单位还是采取了新的原始材料。

"绿色施工"遵循的基本原则便是减少填埋废弃物、减少场地中环境的污染和自然资源的使用最小化，并将建筑物完成后对室内空气质量的危害降到最低限度。这种潜含着可持续发展观念的施工理念对实现采用绿色建筑技术的应用有着重要的作用。为了使"绿色建筑"真正意义上实现可持续发展理念，密切贯彻"以人为本"的原则，实现"人与自然与建筑"的和谐统一，不仅仅要在绿色建筑的方案优化和规划设计阶段考虑到绿色施工的要求，为实施绿色施工提供良好的基础，最重要的是将绿色施工的过程控制好。"绿色施工"对实现"绿色建筑"的重要性如图 4-1 所示。

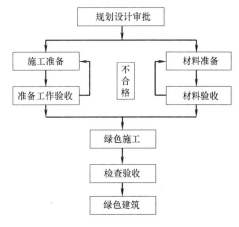

图 4-1　绿色施工实现绿色建筑的重要性

我们可以从图 4-1 看出，施工过程是建筑生产过程中的要点环节，是建筑单位根据规划设计的要求，运用必需的材料和机械，通过必要的施工工艺将图纸实现物质化的生产过程。传统的施工追求的是工期，它们往往会忽视资源与环境的地位，每当工期和环境保护与资源的节约冲突时，施工单位便会选择前者，甚至不惜浪费资源甚至达到环境的破坏只为在工期内完成工程量。显然，传统的施工模式是不能够满足科学发展观达到可持续发展要求的。随之，一个以环境保护为前提，最大化资源利用为核心，能够实现高效、低能、环保统筹兼顾，实现社会、自然与人和谐发展的施工模式应运而生，那便是"绿色施工"。绿色施工也成为建筑行业进行可持续发展的最好选择，绿色施工技术更成为施工技术的发展趋势。

绿色施工是以节约资源和保护环境为前提，优化施工的管理以及建筑施工运用的施工技术，确保高效、优质、环保的施工方法。事实上，它是为确保"四节一环保"，将"绿色建筑"得以实现的"绿色通道"。

绿色施工不等同于绿色建筑。从概念上看，2006 年 6 月 1 日起实施的国家标准《绿色建筑评价标准》对绿色建筑的概念给予明确和规范，即绿色建筑是指在建筑的全寿命周期内，最大限度地节约资源（节能、节地、节水、节材）、保护环境和减少污染，为人们提供健康、适用和高效的使用空间，与自然和谐共生的建筑。绿色施工是指工程建设中，通过施工策划、材料采购、在保证质量、安全等基本要求的前提下，通过科学管理和技术进步，最大限度地节约资源与减少对环境负面影响的施工活动，强调的是从施工到工程竣工验收全过程的"四节一环保"的绿色建筑核心理念。《绿色建筑评价标准》主要是从规划设计阶段对绿色建筑进行评价，对施工环节没有严格的要求，而《绿色施工导则》则着手提出施工环节中的"四节一环保"。

字面上看，二者都强调"绿色"，即"四节一环保"的绿色理念。但绿色施工强调的是施工过程，而绿色建筑则影响整个生命周期。

绿色建筑不一定通过绿色施工才能完成，而绿色施工成果也不一定是绿色建筑。

4.2 绿色施工与节能建筑

4.2.1 节能建筑的概念

建筑节能是指在建筑物的规划、设计、新建（改建、扩建）、改造和使用过程中，执行节能标准，采用节能型的技术、工艺、设备、材料和产品，提高保温隔热性能和采暖供热、空调制冷制热系统效率，加强建筑物用能系统的运行管理，利用可再生能源，在保证室内热环境质量的前提下，减少供热、空调制冷制热、照明、热水供应的能耗。

节能建筑是指遵循气候设计和节能的基本方法，对建筑规划分区、群体和单体、建筑朝向、间距、太阳辐射、风向以及外部空间环境进行研究后，设计在使用过程中能显著降低能耗的建筑。节能建筑在我国一般指按照国家出台的节能设计标准设计建造的建筑。

一般来讲，节能建筑概念有 3 个基本层次：最初仅强调"节能"，即为了达到节能的目标可以牺牲部分热舒适的要求；后来强调"在建筑中保持能源"，即减少建筑中能量的散失；目前较普遍的称为"提高建筑中的能源利用效率"，即积极主动的高效用能。我国建筑界对第三层次的概念有较一致的看法，即合理地使用和有效地利用能源，不断提高能源的利用效率。

4.2.2 绿色施工与节能建筑的关系

《建筑节能工程施工质量验收规范》中对绿色施工与节能建筑的关系做了详细的说明：

1. 单位工程竣工验收应在建筑节能分部工程验收合格后进行。根据国家规定，建筑工程必须节能，节能达不到要求的建筑工程不得验收交付使用，节能验收是单位工程验收的先决条件，具有一票否决权。

2. 施工单位要有相应资质，要有相应的质量管理体系、施工质量控制和检验制度以及施工技术标准，也就是说要有专项施工组织设计和监理细则。

3. 和节能有关的设计，原则上不能变更，如必须变更，设计变更不得降低建筑节能效果，当设计变更涉及建筑节能效果时，应经原施工图设计审查机构审查，在实施前办理设计变更手续，并获得监理和建设单位的确认。

4. 建筑节能工程采用的新技术，新设备，新材料，新工艺应按有关规定进行评审、鉴定及备案，由建设单位申请，组织开论证会。

5. 建筑节能工程为单位建筑工程的一个分部工程，其分项工程和检验批划分见表4-1。

分项工程和检验批划分　　　　　　　　　　　　　　　　　　　表 4-1

序号	分项工程	主要验收内容
1	墙体节能工程	主体结构基层、保温材料、饰面层等
2	幕墙节能工程	主体结构基层、隔热材料、保温材料、隔气层、幕墙玻璃、单元式幕墙板块、通风换气系统、遮阳设施、冷凝水收集排放系统
3	门窗节能工程	门、窗、玻璃、遮阳设施等
4	屋面节能工程	基层、保温层、保护层、面层等
5	地面节能工程	基层、保温层、保护层、面层等
6	采暖节能工程	系统制式、散热器、阀门与仪表、热力入口装置、保温材料调试等
7	通风与空气调节节能工程	系统制式、通风与空调设备、阀门与仪表、绝热材料、调试等
8	空调与采暖系统的冷热源及管网节能工程	系统制式、冷热源设备、辅助设备、管网、阀门与仪表、绝热、保温材料、调试等
9	配电与照明节能	低压配电电源、照明光源、灯具附属装置、控制功能、调试等
10	监测与控制节能工程	冷热源系统、空调水系统、通风与空调系统、监测与计量装置、供配电、自动照明系统、综合控制系统等

对于各分项节能工程的施工及验收细则，可参考《建筑节能工程施工质量验收规范》。

4.3 绿色施工与超低能耗建筑

4.3.1 超低能耗建筑的概念

1. 被动式超低能耗绿色建筑（以下简称"超低能耗建筑"）是指通过适应气候特征的

高效保温隔热性能的围护结构、自然通风、天然采光、合理利用太阳能等被动式技术的应用，最大限度降低建筑能量需求；在此基础上，结合高效热回收新风系统和可再生能源等主动式节能技术，以最小的能源消耗提供最优的室内环境，并与自然和谐共生的建筑。

2. 超低能耗建筑的主要技术特征包括：

（1）超高效保温隔热非透明围护结构；

（2）高保温性、高气密性外窗；

（3）无热桥围护结构；

（4）高气密性围护结构；

（5）具有高效热回收功能的新风系统。

3. 超低能耗绿色建筑的特点

（1）更低能耗。由于高效保温隔热系统等被动式技术的应用，建筑物每年供暖供冷需求显著降低。与现行国家节能设计标准相比，建筑物每年供暖供冷需求降低85%～95%。

（2）更舒适。高效保温隔热系统使建筑内墙表面温度均匀一致，波动幅度小，且与室内空气温度温差小，用户体感较普通建筑更为舒适。此外，良好的气密性和隔声效果，可以提供更加舒适的室内环境。

（3）更健康。带高效热回收的有组织的新风系统，全年保证足够的新鲜空气，同时通过空气净化技术提升室内空气品质。

（4）更高质量。采用无热桥、高气密性设计建造技术，施工质量高且通常采用建筑装修一体化，建筑质量高、寿命长。

4.3.2 绿色施工与超低能耗建筑的关系

超低能耗建筑是与气候相适应的建筑，不同气候区应根据气候特点进行优化，采用不同的技术措施。北方地区应以冬季保温和获取太阳热量为主，南方地区应以夏季隔热遮阳、利用窗的自然通风等被动冷却措施为主，保证夏季的舒适性。被动式技术的合理应用，可以使北方建筑保证冬季室内温暖舒适的同时，夏季更加凉爽宜人；南方建筑保证夏季室内凉爽舒适的同时，冬季更加温暖舒适。

超低能耗建筑尽可能利用被动措施满足室内供暖需求，取消传统供暖方式，带来建筑设计、施工及运行理念和方法的变革，主要体现在以下方面：

1. 以超低的建筑能耗为设计约束目标。设计方法上应采用性能化设计方法，对设计建筑能耗进行模拟计算，根据模拟计算结果对设计建筑的技术措施进行优化，使其达到能耗目标要求。

2. 为达到超低能耗，对建筑围护结构保温隔热系统、热回收新风系统的设计要求更细致、更准确，确保万无一失；对施工质量标准及质量监督的要求也更高。

3. 超低能耗建筑围护结构设计施工要求达到无热桥、高气密性，因此，对热桥处理技术、气密性保障技术均有特殊要求和做法。

4. 运行管理需要住户的参与，运行管理人员应指导住户正确操作，真正实现节能。

精细化的设计和施工，严格的质量保证系统以及完善的运行维护管理是超低能建筑得以实现的前提，因此，应对从事超低能耗建筑设计、施工、检测、监理及运行管理等人员进行必要的培训。培训内容应包括设计方法、关键节点做法、施工工艺及过程控制、日常维护要求等内容。

超低能耗建筑的实施步骤：

1. 根据所在气候区技术指标，结合参考建筑热工性能指标，对同类典型建筑进行初步的能耗模拟分析，确定该项目超低能耗目标；

2. 根据当地技术、经济条件筛选适宜节能技术；

3. 对建筑方案设计图进行能耗模拟，并估算工程造价，进行成本控制，直至满足能耗目标及成本控制目标；

4. 热桥处理、气密性关键节点设计及大样图；

5. 严格按图施工，进行施工全过程控制；

6. 施工完成后应进行气密性检测，并达到气密性要求；

7. 评价标识；

8. 编制运行管理手册和用户使用手册，并进行讲解宣传。

超低能耗建筑的室内装修宜由建设方统一进行，完成装修后交付，以避免装修可能对建筑围护结构的损坏。室内装修材料等应采用无污染、环境友好型材料。

超低能耗建筑是在满足国家现行相关标准要求的基础上，达到更高节能标准的建筑。因此，超低能耗的建造应符合现行相关国家标准的要求。

思考题：

1. 绿色建筑的概念是什么？

2. 简述绿色施工与绿色建筑的关系。

3. 绿色建筑技术有哪些？并说明各种建筑技术的适用条件。

4. 简述绿色施工与节能建筑的关系。

5. 简述绿色施工与超低能耗建筑的关系。

第5章 绿色施工案例

本章学习要点：
了解中建八局的绿色施工案例。

5.1 上海国际航空服务中心

5.1.1 工程概况

1. 基坑分块及施工场地情况

本工程共有 7 个基坑分块，先施工的基坑分块完成地下室结构后，相邻分块方能进行土方开挖。西侧 4～7 区基坑临近地铁 11 号线，变形控制要求极高。场地红线外北侧区域为借用业主暂未开发的绿化地块，用作混凝土支撑等建筑垃圾破碎后的级配碎石生产和混凝土砌块制作的循环再利用（图 5-1、图 5-2）。

图 5-1 上海国际航空服务中心

2. 参建各方单位（表 5-1）

参建单位汇总   表 5-1

参建单位	单位名称
建设单位	上海龙华航空发展建设有限公司
监理单位	上海建科工程咨询有限公司
设计单位	上海建筑设计研究院有限公司
勘察单位	上海市城市建设设计研究总院
围护设计单位	上海申元岩土工程有限公司
施工单位	中国建筑第八工程局有限公司
监测单位	上海岩土工程勘察设计研究院有限公司

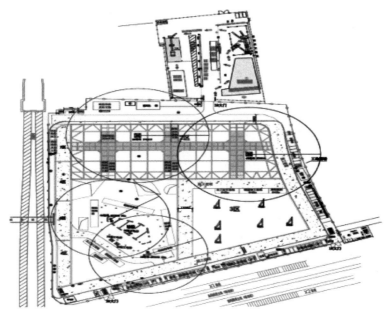

图 5-2　基坑分块及施工场地

5.1.2　绿色施工目标、指标

1. 绿色施工创优目标（表 5-2）

绿色施工创优目标　　　　　　　　　　　　表 5-2

绿色施工创优目标	
合同	1. LEED 金奖
	2. 绿色建筑评价三星级
争创	1. 上海市绿色施工样板工程及观摩工程
	2. 上海市绿色安装工程第一级（评价分数≥90 分）
	3. 第四批全国建筑业绿色施工示范工程
	4. 住建部绿色施工科技示范工程
	5. 全国绿色施工及节能减排竞赛优胜工程（金奖）

2. 项目绿色施工各项指标（表 5-3）

项目绿色施工各项指标　　　　　　　　　　表 5-3

	指标项目	指标数值
能源与水资源指标	能源消耗指标	≤0.031t 标准煤/万元产值
	水资源消耗指标	≤8.31t/万元产值
材料节约指标	钢材损耗率	≤1.75%
	木材损耗率	≤3.5%
	商品混凝土损耗率	≤1.05%
	砌体材料损耗率	≤2.1%
其他绿色施工指标	1. 施工现场的光污染、噪声、扬尘、污水等排放达标。 2. 通过管理与技术创新，降低建筑施工固体废弃物的产生。 做到结构施工阶段的固体废弃物 100% 循环再利用	

5.1.3 绿色施工策划与实施

1. 绿色施工组织管理

建立健全项目绿色施工组织管理体系，成立以项目经理为第一责任人的绿色施工管理体系，项目各个部门按照职能划分明确各自职责，全员参与，共同推进绿色施工与节能减排工作（图5-3）。

图5-3 绿色施工组织管理分布

2. 绿色施工策划与方案

策划先行、方案引路。在施工组织设计中对绿色施工进行策划、独立成章，以此为依据编制绿色施工的专项施工方案，按有关规定进行审批。

在项目全周期内，做好项目准备工作与临建阶段，地基与基础工程阶段，结构工程阶段，装饰装修与机电工程阶段的专项施工计划（图5-4）。

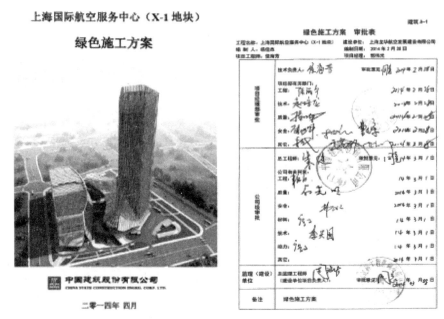

图5-4 绿色施工策划与方案

3. 绿色施工过程评价管理

过程管理、及时评价。对绿色施工的效果及采用的新技术、新设备、新材料与新工艺，进行自评估。分阶段、分要素对各项指标进行评价，并制定奖惩措施，按评价结果对相关责任人进行奖惩。

三个阶段：每个阶段一个月评价1次，每个阶段应不少于1次。

五个要素：四节一环保。

评价指标：按重要性分控制项、一般项和优选项，每个项下设若干评价点。

评价等级：不合格、合格和优良。

4. 本项目重点绿色施工管理与技术措施（图5-5）

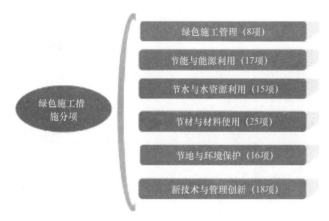

图 5-5　绿色施工措施分项

5.1.4　绿色施工管理与技术措施

1. 节能与能源利用（图5-6）

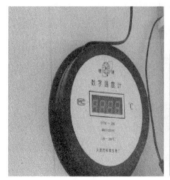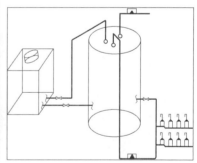

图 5-6　节能与能源利用情况

（1）宿舍区空气源热泵技术

原理：空气能热泵热水器实质上是利用制冷原理（逆卡诺循环工作原理），它通过从周围环境中获取低品位热能，经过电力做功提升温度后输出到冷凝端，产生可被人们所用的较高品位热能的设备。

优势：安全、节能、不受环境影响。

本项目工人及管理人员宿舍配备15t及4t容量的空气源热泵热水系统各一套。按照平均每人每天用热水50L计算，每天可满足380人热水用量。

假设每年平均每天需将19000L的水从15℃加热到55℃，空气源热泵全年cop（能效比）平均值为3.5，所需要的耗能效益分析见表5-4。

电加热与空气源热泵技术对比 表 5-4

	热水量(L)	电能源热值(kcal/kWh)	热效率	耗电量(kW·h)
电加热	19000	860	95%	19000×(55−15)/(860×0.95)=930
空气源热泵	19000	860	350%	19000×(55−15)/(860×3.5)=253

即每天可节约用电 677kW·h，一年按照使用 330 天计算，可节约用电 223410kW·h（图 5-7、图 5-8）。

图 5-7 工人宿舍供电情况

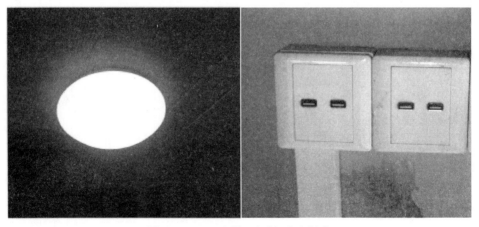

图 5-8 LED 照明灯及手机充电插座

（2）办公区太阳能路灯

太阳能路灯系统是一套独立的分散式供电系统，有如下优点：

不受地域限制，不受电力安装位置的影响，不需要布线埋管，现场安装很方便。通过光伏板发电并由蓄电池储存电能，环保节能，综合经济效益好。

（3）办公区太阳能路灯经济效益分析（表 5-5）

办公区太阳能路灯经济效益分析 表 5-5

供电方式	市政 380V	太阳能光伏
初期设备投入	1000 元	5500 元
负载种类	金属卤化物灯	LED 灯

供电方式	市政 380V	太阳能光伏
负载功率	400W/380V	40W/24V
每天照明时间	12 小时	12 小时
每天用电量	4.8kW·h	0.48kW·h
电价	1.2元/kW·h	0
单盏每天用电费	5.76 元	0
三年电费总计(按 1000 天)	5760 元	0
灯泡寿命(h)	1500	30000~50000
灯泡单次更换维修费用	200 元	0
三年更换维修费用(6 次)	1200 元	0
单盏灯三年总计成本核算	7960 元	5500 元

（4）办公区集热式太阳能热水系统

集热式太阳能热水系统计算公式：

$$Q = H \times S \times \eta / (C \times \Delta T)$$

式中　Q——太阳能集热系统全年产热水量（t）；

　　　H——上海地区太阳能年辐射总量，按 4497MJ/(m²·a)；

　　　η——太阳能集热系统效率，取 50%；

　　　C——比热容，取 4.18MJ/(t·℃)；

　　　ΔT——温升，取 45℃；

　　　S——太阳能集热面积，取 15m²。

经计算，$Q = 179t$

即根据本项目办公区配置的太阳能集热设备，每年可产 179t 热水，年节约用电 9370kW·h。

（5）塔吊及其他大型用电机械无功功率补偿系统（表 5-6）

塔吊及其他大型用电机械无功功率补偿系统经济效益分析　　表 5-6

塔吊数量	1 台	使用周期	480d/台
额定功率	75kW	补偿后功率因数提高	10%
平均工作时长	10h/d	可节约用电量	36000kW·h

普通塔吊（TC-6015）选用晶闸管投切的动态无功补偿装置，对塔吊负载实时响应跟踪补偿，提高了塔吊电机的功率因素，节约用电。

（6）现场 LED 照明大灯（图 5-9、表 5-7）

普通镝灯与 LED 大灯经济对比分析　　表 5-7

负载种类	镝灯	LED 灯
负载功率	2000W/380V	500W/220V
10h 用电量	20kW·h	5kW·h
电价	1.2元/kW·h	1.2元/kW·h
每天用电费	24 元	6 元
使用寿命	1500h	2 万 h

图 5-9　现场 LED 照明大灯

LED 灯配制高功率因数恒流电源和 LED 光源，长寿命，无光衰，无色差，无频闪，节能环保。本项目在 4 号塔吊上配备 LED 大灯，满足该塔吊附近区域施工照明要求，节能环保。

（7）直饮水系统（图 5-10）

卫生健康：达到生活饮用水国家标准，可以为现场工人及时提供干净可靠的直饮水。

经济可靠：相较于直接购买纯净水，节省的费用较多，经济效益良好。自动运行，无需专人维护。

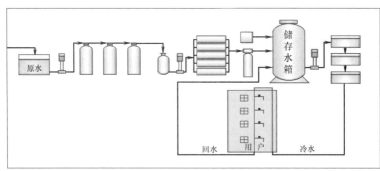

图 5-10　现场直饮水水站现场直饮水终端

节能环保：耗电量低，无需通过加热等传统途径进行净化处理。

2. 节水与水资源利用

（1）雨水、基坑降水收集及自动加压供水系统（图 5-11）

本项目用水分开设置，生活用水采用市政直接供给；施工用水采用现场可回收水与市政用水共同供给，当可回收水量不能满足现场施工用水时，市政用水通过浮球阀自动补给，互为备用。项目循环用水大部分有组织收集至项目北侧有三级沉淀功能的蓄水池，蓄

图 5-11　雨水、基坑降水收集池自动加压供水机房

水池内循环水主要来自于雨水、基坑降水、后浇带和集水坑抽水以及部分施工用水的循环再利用。

（2）大门处洗车槽循环水再利用

洗车槽循环水利用技术是将自动洗车后产生的污水经过三级沉淀后通过提升再次用作洗车用水，三级沉淀池需定期清理，由于洗车污水有蒸发、散排、渗漏等各方面原因，所以辅助以市政水进行补充，待回流的水量不能满足洗车用泵流量时，介入补充。

土方阶段，假设每车冲洗时间约 5min，车辆间隔时间为 5min，每天洗车需用时间为 12h，加压泵流量为 $20m^3/h$，则每天用水量为 $240m^3$，考虑到循环水利用率为 90%，则土方开挖阶段每天节约的水量为 $240 \times 90\% = 216m^3$。

（3）自动喷雾降尘系统（图 5-12）

图 5-12　自动喷雾降尘系统

洒水车现场洒水 10min/次，每小时一次，按 8h 考虑，现场洒水车（$30m^3/h$）按照正常行进速度洒水，将整个现场道路喷洒完成需 10min，则每天需用的水量为：$8 \times 30 \times 10/60 = 40m^3$。

现场喷雾 10min/次，每小时一次，按 8h 考虑，单个喷头流量为 0.01L/s，现场道路布置 400 个喷头，则每天需用的水量为：$0.01 \times 400 \times 600 \times 8/1000 = 19.2m^3$。

即每天节约用水 20.8m³，在具备条件情况下，利用雨水收集系统与喷雾管网连接，节水效率还将进一步提升。

（4）卫生间自动感应冲洗装置（图 5-13）

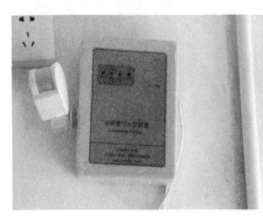

图 5-13　节水控制器卫生间节水控制器使用

节水控制器采用先进的人体感应及微电脑技术，对冲水实现智能控制。有人进入，延时冲洗。平时、夜间、周末等无人进入时自动停冲，从而避免了常流水，每个小便槽每天耗水仅 1～3t。安装前后用水表对比证明，节水率可达 70%，有人进入后开始延时，延时时间到后，排水阀打开，直接冲洗。延时时间及冲水时间均可按需要自行设置。

3. 节材与材料使用

（1）预制混凝土块道路

西侧临近地铁的小型基坑区域，应用装配式预制混凝土块道路，前期满足道路通车，材料堆放。等到此区域基坑开挖前，吊装预制块到其他区域周转使用。此项技术达到了材料节约，预制块周转使用的目的，也防止了整体现浇式硬化道路破除的噪声和粉尘污染。

图 5-14　定型化、工具式临边防护

（2）HRB600 钢筋应用

裙楼区域基础底板通过施工图优化，将原有设计直径 32mm 的 HRB400 的钢筋替换为 25mm 直径的 HRB600 高强钢筋。此项优化节约了钢筋约 500t，并大大降低了工人的现场劳动强度。

（3）定型化、工具式临边防护（图 5-14）

（4）废钢筋、废模板、短木方等再利用（图 5-15）

（5）混凝土支撑等建筑固体废弃物综合循环利用及制砖技术

通过混凝土建筑垃圾破碎及砌块制作技术将项目混凝土支撑、分隔地连墙、截桩桩头等混凝土建筑垃圾实现 100% 的现场资源化再利用。现场约 80000t 的混凝土建筑垃圾通过

图 5-15 废钢筋、废模板、短木方等再利用

本技术，现场破碎后制成约 35000t 的再生级配碎石，同时利用破碎产生的石粉，生产约 40000m³ 的混凝土砌块，其中约 11000m³ 用于本项目地下室正式砌筑工程。

（6）混凝土支撑等建筑固体废弃物综合循环利用及制砖技术（图 5-16）

图 5-16 混凝土支撑等建筑固体废弃物综合循环利用及制砖技术

以上生产流程为：1）混凝土建筑垃圾破碎→2）两次破碎后粗细料筛分→3）产生不同粒径级配碎石和石粉→4）石粉放入制砖储料仓→5）石粉与水泥（约 10%～12% 掺量）搅拌后制砖→6）模振压制砖块成型后自动堆叠。

4. 节地与环境保护（图 5-17、图 5-18）

为避免坑内降水施工对坑外水位影响过大造成土体沉降，影响周边环境，特在坑外设置回灌井，在坑外水位变化过大时自动进行回灌，将水位维持在安全范围以内。

5. 新技术与管理创新

（1）钢支撑轴力自动补偿及位移控制系统（图 5-19）

图 5-17 噪声、粉尘一体化监测系统停车场植草砖地

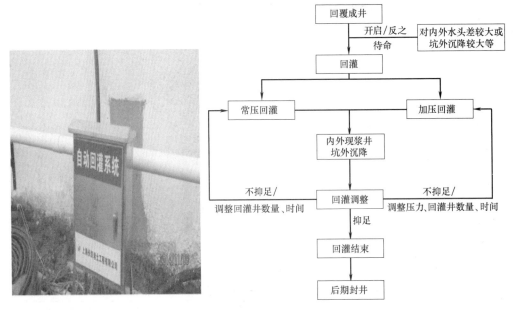

图 5-18 基坑外地下水自动回灌系统

图 5-19 临近地铁基坑钢支撑安装现场小型泵站中央控制室

（2）BYS-3 型养护室控制仪（图 5-20）

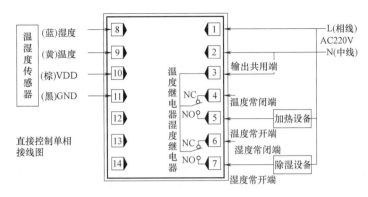

图 5-20　BYS-3 型养护室控制仪

项目标准养护室采用了 BYS-3 型养护室控制仪自动控制养护室的温湿度，能在不同季节不同温度，不用人工调节，仪器自动转换制冷制热，确保温度恒定在 20±2℃，湿度 RH 在 95％以上（图 5-21、图 5-22）。

图 5-21　养护室自动控制温湿度

图 5-22　温湿度自动控制仪表

（3）地下室底板高分子自粘胶膜防水卷材

采用高分子自粘胶膜卷材做底板防水（图 5-23）时，单块底板防水施工可节约施工工期 1～2d，节约所有的混凝土防水保护层以及浇筑所需的人工、机械费用。另外，高分子自粘胶膜卷材采用冷粘法施工无需动火作业，也可减少能源消耗及一定的空气污染，能更好地实现绿色施工。本项目总计基础底板面积约为 31000m²，采用高分子自粘胶膜卷材能节约保护层细石混凝土（3cm 厚）930m³。

图 5-23　地下室底板高分子自粘胶膜防水卷材

（4）BIM 技术综合运用（图 5-24）

图 5-24　BIM 技术的综合运用

2）实施流程

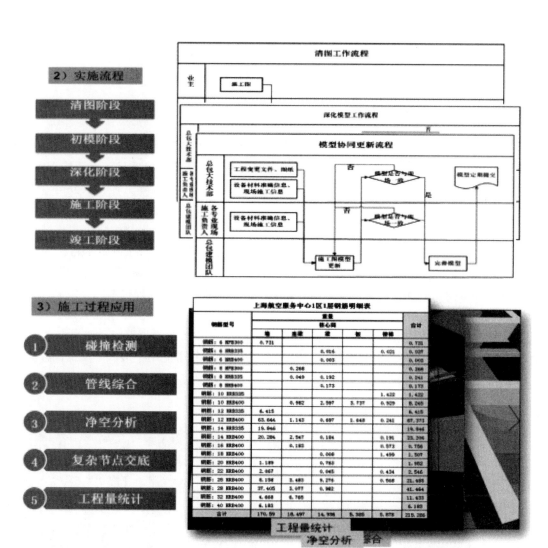

- 清图阶段
- 初模阶段
- 深化阶段
- 施工阶段
- 竣工阶段

3）施工过程应用

- ① 碰撞检测
- ② 管线综合
- ③ 净空分析
- ④ 复杂节点交底
- ⑤ 工程量统计

4）4D项目管理

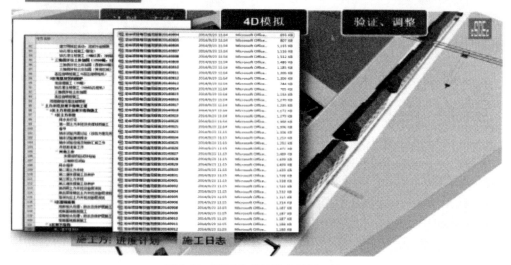

图 5-24 BIM 技术的综合运用（续）

5.2 北京中航信

5.2.1 工程概况

工程位于北京市顺义区后沙峪镇天北路与机场北线交界处。建筑面积 11.69 万 m²，结构形式框架-剪力墙、钢结构。是机房、生产、办公一体的公建项目，由 1 栋机房楼、1 栋办公楼、1 栋动力楼及 1 小栋控制室组成。工程由中国中元国际工程有限公司（大型综合甲级）·设计，中国建筑第八工程局有限公司青岛分公司（施工总承包特级）施工，开工日期 2013 年 5 月，计划竣工日期 2015 年 11 月。质量创优目标为整体建筑"长城杯"金奖，机房楼单体争创"鲁班奖"，绿色建筑目标"LEED"认证，绿色施工目标为"全国建筑业绿色施工示范工程"，安全目标为"北京市文明安全施工样板工地"。示范工程在地基基础、结构工程、装饰安装等工程中完成"钻孔灌注桩泥浆处理技术"、"泵循环施工装置"、"数控弯箍机应用技术"、"钢框模板应用技术"、"外墙自保温体系施工技术"、"临时照明免布管免裸线技术"、"太阳能路灯节能环保技术"、"用于道路自动喷洒防尘装置"、"混凝土余料及工程废料的收集技术"等 87 项绿色施工技术应用，形成"便携式移动车辆垫块"等绿色施工专利 12 项。

本工程的位置及示意如图 5-25、图 5-26 所示。

图 5-25　工程地理位置图　　　　　　　图 5-26　工程示意图

1. 工程建设及设计情况（表 5-8、表 5-9）

工程建设及设计概况　　　　　　　　　　　　　　　　表 5-8

工程名称	机房楼 A 等 3 项(中国航信高科技产业园区)
工程地址	北京市顺义区后沙峪镇,机场北线高速与天北路交界处 19-09 地块
建设单位	中国民航信息网络股份有限公司
设计单位	中国中元国际工程公司
监理单位	北京远达国际工程管理咨询有限公司
合同工期	913 日历天,2013 年 5 月 23 日～2015 年 11 月 21 日

工程名称	机房楼 A 等 3 项(中国航信高科技产业园区)
工程造价	9.7 亿
工程类别	公共建筑
工程规模	116903m²
质量目标	整体确保结构、建筑长城杯金奖、钢结构金奖;机房楼 A 争创鲁班奖
安全文明施工目标	创"北京市安全文明工地"、"局 CI 示范工程"、"局安全达标示范工地",杜绝重伤和死亡事故,轻伤事故率控制在 1‰以内
绿色施工目标	ECC 获得 LEED 银级认证;获得全国建筑业绿色施工示范工程
科技目标	公开发表论文不少于 8 篇,授权专利不少于 10 项
结构类型	运行中心:框架剪力墙(办公楼)、ECC(钢框架结构) 机房楼 A:钢框架-支撑结构 动力楼:框架-剪力墙
主要功能	运行中心主要为办公楼、地下车库和人防;ECC 为控制中心; 机房楼主要为机房、电池室和变电所等; 动力楼主要为柴发设备和发电机用房
主要装饰装修情况	楼地面采用水泥基自流平地面、地砖楼面、地砖防水楼面、石材楼面、防静电架空地板楼面等;墙面天然安石粉墙面、合成树脂乳液涂料、薄型面砖防水墙面、穿孔石膏板吸声墙面等;吊顶采用刮腻子顶棚、抹安石粉顶棚、吸顶穿孔石膏板吸声吊顶、超细无机纤维防火保温顶棚等;门窗采用钢质防火门、防火卷帘门、木质防火门、木门等
保温设计	外墙:采用水泥岩棉板外保温和 B04 级蒸压轻质砂加气混凝土砌块。 屋面:采用泡沫混凝土。 外窗(包括屋顶天窗、玻璃门、透明幕墙):采用断桥铝合金门窗,中空玻璃全部采用 8(低透光 Low-E)+12(空气)+6(透明)玻璃,外幕墙层间玻璃及砌块墙外装饰玻璃均为 8 厚钢化玻璃。传热系数不大于 2.10W/(m·K),气密性为 6 级,水密性为 4 级。 底部自然通风的架空或外挑楼板:采用水泥岩棉板保温。 楼层间:无机纤维喷涂

机电安装工程设计概况
表 5-9

系统名称		系 统 概 况
冷热源系统		冷源:第一冷源为一层南北两侧冷冻站,备用冷源为屋面风冷冷水机组,冷冻水供回水温度分别为 11.5℃、18℃。新风机组由单独的风冷冷水机组提供冷源,冷冻水供回水温度分别为 7℃、12℃。 热源:由区域交换张提供,热交换张提供的供回水温度分别为:60℃、50℃
空调系统		机房楼 A 的一层设冷冻站作为第一冷源,屋面设有风冷冷水机组供冷系统的冷冻站,作为 T4 机房模块备用冷源,机房楼热源由区域热交换站提供。动力楼采暖热媒由单独的换热站提供 80℃/60℃的采暖热水。ECC 的 DLP 机械室、变电所和运维网设备机房均采用双冷源机房精密空调,ECC 大厅第一冷源为水环热泵型空调机组,备用为变频多联空调系统。ECC 办公部分采用水环变频多联空调系统加独立的新风系统
电气设计	运行中心	地下一层两个变电所,四路 10kV 电源分别由办公区主变配电所放射供电。 一级负荷:消防用电、通信系统、客梯用电、冷却塔、生活水泵、中水泵、排污泵、雨水泵用电、弱电系统主机用电。 二级负荷:热交换站、主要办公室、会议室照明、报告厅的电声、录音电源。 三级负荷:其余为三级负荷

系统名称		系 统 概 况
电气设计	机房楼 A	由市政管网引入 12 路 10kV 电源线路至机房楼 A 首层 10kV 变配电所。 全部为一级负荷。 供电电源及电压:一般市电,自备应急自启动柴油发电机组电源,不间断电源。 本工程市政供电源的电压等级为 10kV,低压动力设备及照明用电设备的电压为 230/400V
	动力楼	供电电源及电压:一般市电,自备应急自启动柴油发电机组电源,不间断电源。 市政 10kV 电源和油机电源互为备用。 一级负荷:消防用电、油机启动、运行相关的负荷、安防系统、通信系统等用电。 二级负荷:其余为二级用电
通风排烟系统		动力楼不具备自然排烟条件的防烟楼梯间采用加压送风方式。运行中心排烟系统包括内走道排烟,在 ECC 大厅及指挥决策室等不具备自然排烟条件的房间设置机械排烟系统,不具备自然排烟条件的楼梯间设置防烟系统,主要是由疏散楼梯或前室正压送风系统及相应的控制系统组成。机房楼 A 不具备自然排烟条件的楼梯间设置防烟系统,主要是由疏散楼梯正压送风系统及相应的控制系统组成,排烟系统包括内走道排烟,封闭房间的排烟及相应的控制系统组成
室内给水系统		1. 采用符合国家及北京市节能标准的高效低能耗供排水设备。2. 供水系统分类别设多级计量,并满足水量平衡测试。3. 采用一次最大冲洗水量小于等于 6L 的节水型两档冲洗水箱坐便器,蹲便器采用脚踏式自闭式冲洗阀,小便器采用感应自闭式冲洗阀。各种用水龙头均采用陶瓷密封芯片节水型龙头,淋浴采用单柄混调式淋浴器,公共卫生间采用可调温混水型感应式龙头。感应自闭式冲洗阀和可调温混水型感应式龙头均采用锂离子电池供电。所有生活用水器具须符合《节水型生活用水器具》CJ 164—2002 的规定。4. 使用中水,供卫生间便器冲洗和绿化浇灌使用,绿化采用微喷节水灌溉。5. 空调循环冷却水系统采用的冷却塔须为北京市环保节水部门推荐使用的超低噪声节水型产品,冷却水循环利用率≥98.5%,浓缩倍数≥2.5
排水系统		1. 采用双立管排水系统,污废水合流排放。地上部分污废水竖向分区重力流排出户外,地下部分污废水采用压力流排放。2. 地下部分的废水采用附带底部冲洗装置的潜水排污泵,自动耦合式安装。安装两台排污泵(一用一备)的污废水坑,排污泵一用一备,轮流启动,互为备用,均衡使用,设置三个控制水位:停泵水位(根据设备确定)、启泵水位(水深 600mm)、距坑内顶 200mm(用于消防电梯排水的集水坑为水深 1300mm)的满水报警水位。3. 排污泵需自带电控箱,主楼强弱电电缆仅接至设备自带电控箱,电控箱需输出设备的运行状态、故障状态、手动自动状态的无源触点信号及水位信号。4. 排水地漏均采用自闭式水封地漏
防雷接地系统		本工程属于二级防雷建筑物,雷电防护等级为 A 级。原则上利用建筑物金属构件及钢筋、混凝土结构中的钢筋、钢柱作为防直击雷装置。利用幕墙顶端金属构件连成一圈作为接闪器,要求幕墙竖向龙骨自身连通,并在顶端与接闪器连通,屋面处与伸出女儿墙的引下线联通,地面处与接地预埋板连接。利用本建筑挖孔灌注桩、承台、拉梁内的钢筋作为接地极,利用建筑物外圈结构柱内对角钢筋作为引下线。10kV 系统中性点经消弧圈接地系统,接地形式为 TN-S 系统
照明配电及控制系统		本工程照明设有一般照明和局部照明,在一般照明场所中设有正常照明和应急照明。照度标准根据《建筑照明设计标准》GB 50034—2004 要求确定。照明光源均以高效节能型为主,所有灯具为 I 类灯具。数据机房、走廊、楼梯间、电梯厅等公共区域根据不同使用要求进行不同场景选择、就地及远程集中控制方式,具有多回路分区单独控制功能

2. 工程重点与难点

（1）桩基施工：本工程桩的数量为 1120 根，桩基最长 30m，最大桩径 1.1m，保证桩基施工质量及原有土地资源保护是本工程的技术重点。

（2）超长混凝土结构施工：本工程机房楼 A 长度 81m×127.2m，动力楼长度 25.2m× 168m，运行中心长度 19.6m×168m 均属于超长结构，如何减少混凝土收缩及温度变化对结构产生的不利影响，超长结构混凝土养护用水的节约为本工程的重点。

（3）钢结构施工：本工程具有一钢结构连廊跨度50.4m，宽带24m，总重量1200t，需要提升到距离地面33m处，安装精度高，施工难度大。另本工程钢结构施工量约15000t，钢结构工程的焊接质量、施工及材料的节约也是本工程的重点。

（4）吊装及焊接工程：本工程大型设备有空调机组、变压器、柴油发电机、蓄冷罐等，设备的吊装及焊接为技术重点。另外具有两个80t重，高度38m的大型蓄冷管，需要现场焊接，整体提升，达到环境保护防止光污染时工程的难点。

（5）机电安装工程：本工程是集多用途的专用性大型机房项目，机电安装工程系统多，工程体量大，管线复杂，机房楼A建成后为亚洲最大的数据机房。机房楼中设备多，其中高压配电室10个，低压配电室20个，数据模块32个以及8000多台数据机柜。因此系统调试是本工程的重难点。

（6）扬尘管理：本工程占地面积4.5万m^2，土方开挖量大、回填量大，北京地区对扬尘治理要求又非常严格，因此扬尘管理是本工程的难点。

（7）节水管理：工程属于机房，水暖管道量极大，造成调试需水量大，调试过程中及时的保证水的及时回收及再利用是节水的重要措施，也是项目管理重点。

（8）垃圾回收利用：工程在施工过程中会产生较多的建筑垃圾，其中，对可回收垃圾进行回收再利用，可以减少垃圾外运并节约材料，是工程管理的重点。

5.2.2 绿色施工目标

（1）本工程绿色施工"四节一环保"各项标准符合国家颁布的《建筑工程绿色施工评价标准》及建筑业协会印发的《全国建筑业绿色施工示范工程验收评价主要指标》；

（2）获得第三批"全国建筑业绿色施工示范工程"；

（3）通过应用绿色施工技术，达到节能减排、保护环境的目的；

（4）加快现场施工效率，有效利用原有资源，达到将本增效的目的；

（5）保证现场的场容场貌，提升公司形象，取得良好的经济效益和社会效益。

5.2.3 绿色施工策划与实施

工程施工前，项目进行了详细的策划，在施工组织设计中绿色施工方案独立成章，并编制了专门的绿色施工方案，并通过审批。

项目部根据工程特点及公司要求确定了绿色施工目标。并以此目标编制了《项目管理策划》、《绿色施工组织设计》及《绿色施工方案》。

项目管理人员对《建筑工程绿色施工评价标准》和《全国建筑业绿色施工示范工程验收评价主要指标》进行了学习；另ECC楼需LEED认证，项目聘请了北京建筑科技发展有限公司LEED专家对项目施工、建设进行了专门的培训。

5.2.4 绿色施工管理与技术措施

1. 绿色施工管理组织

（1）绿色施工管理组织机构（图5-27）

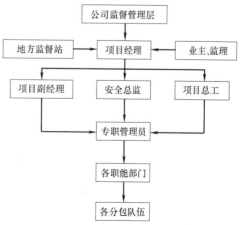

图5-27 绿色施工管理组织机构图

135

（2）组织机构职责（表5-10）

组织机构职责 表5-10

序号	岗位/部门名称	管理职责
1	项目经理	项目经理是施工现场绿色施工管理的第一责任人,负责建立健全项目绿色施工管理体系,组织体系运行管理
2	项目副经理	1）项目副经理对项目绿色施工管理负直接领导责任。 2）落实有关绿色施工管理规定,对进场工人进行环保教育和培训,强化职工的绿色施工意识。 3）组织现场绿色施工管理的检查和环保监测,出现问题及时处理。 4）项目制定并实施的绿色施工管理制度有《固体废弃物控制制度》、《绿色建材采购制度》、《环境保护奖罚制度》等
3	项目总工程师	1）主持编制项目绿色施工管理方案、管理规划,落实责任并组织实施;组织项目经理部的绿色施工意识教育和环保措施培训。 2）贯彻国家及地方环境保护法律、法规、标准及文件规定。 3）协助项目经理制定环境保护管理办法和各项规章制度,并监督实施。 4）组织人员进行环境因素辨识,编制重大环境因素清单和环境保护措施,组织环保措施交底并督促措施的落实。 5）参加环保检查和监测,并根据监测结果,确定是否需要采取更为严格的防控措施,确保现场排放标准始终控制在国家及北京有关环保法规的允许范围内
4	专职管理员	1）每天在现场进行巡查,发现不符合绿色施工标准的行为立即进行制止。 2）过程资料的收集。 3）新的绿色施工相关标准或政策要求的实施等
5	各职能部门	保证本部门的各项施工活动符合绿色施工标准,并定期进行复核检查

图5-28 现场绿色目标及管理制度标牌

（3）目标及制度

为了确保本工程获得全国建筑业绿色施工目标的实现,项目部制定了绿色施工管理目标和绿色施工管理制度,并制作成标识牌设置在现场醒目位置,提醒工人及管理人员的绿色施工意识;施工网格化分区管理,每人负责一区域（图5-28）。

（4）宣传及教育

工程开工后项目在现场悬挂绿色施工宣传标语和绿色施工考核指标、要求,提高工人的绿色施工意识;在工人交底资料中着重体现绿色施工要求及管理办法（图5-29、图5-30）。

图5-29 项目宣传

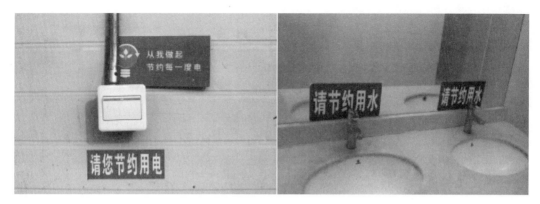

图 5-30　现场节水节电宣传标语

2. 本工程创新和运用的绿色施工创新技术

（1）固体废弃物回收利用技术

现场项目部购置一套粉碎机设备，将产生的建筑垃圾（如混凝土块、砖块等）进行粉碎后回填，可以减少大量建筑垃圾，并保护环境（图 5-31）。

图 5-31　粉碎机设备的使用

（2）现场剔凿的桩头用于地下室毛石混凝土的回填

由于本工程采取的为蒸压轻质砂加气混凝土砌块，具有较好的隔热性能，可以用于屋面保温层，现场砌筑产生的垃圾采用可移动料斗存放，然后运至屋面，用作屋面保温层材料。

（3）临时设施场地铺装混凝土路面砖技术

本项目充分考虑地面使用功能和道路荷载要求，在办公区和生活区使用植草砖和混凝土路面砖代替混凝土现浇路面，减少混凝土的使用。可根据需要选择多种颜色和图案；场区停车位处内嵌荷兰砖用作车位间隔标识。

利用混凝土路面砖代替现浇混凝土完成临建生活区及办公区室外地面硬化，路面砖可多次周转使用，避免了现浇混凝土的一次性费用投入和后续混凝土地面破除的费用投入。

（4）施工现场防扬尘自动喷淋技术

为控制扬尘，达到保护环境，节约水资源的目的，在项目主道路两侧安装自动喷洒装置，共设置 300m 长装置，较好地控制了施工现场扬尘，并保证了现场道路的清洁及场容场貌（图 5-32）。

图 5-32 自动喷洒防尘装置及应用效果图

（5）施工车辆自动冲洗装置的应用

项目购置一套车辆自动冲洗装置设置在工程大门口，所有出工地车辆应进行清洗，保证车辆进出的干净。另外车辆冲洗的水采用收集雨水，冲洗装置下侧进行防水处理，保证冲洗水可以循环利用。

（6）钢铝框木模板

运行中心为混凝土剪力墙结构，层高较低，结构形式简单，适于使用钢框木模板。我司与厂家协商后，工程完工后若模板完好，厂家进行回收，现场累计使用量近 5000m²（图 5-33）。

图 5-33　钢框模板应用及浇筑后混凝土质量

（7）键槽式模板支架

动力楼为框架结构，轴间距达到 8m，空间大，不存在较多的剪力墙，适于键槽式模板支架的使用，现场使用 4000m²。键槽式模板支架（图 5-34）较普通扣件式脚手架和碗扣式脚手架具有以下优点：

1）施工方便，速度快：键槽式脚手架搭设无需扣件的安装及拧紧，也减去了碗口的固定。

2）安全更有保证：架体的搭设，无需扣件的安装，减少扣件的掉落。

3）验收方便：验收无需用力矩扳手进行力矩检查，直接观察即可。

4）费用的节省：价格低于普通脚手架，且杜绝了扣件丢失现象。

（8）预制装配式混凝土路面

图 5-34　键槽式支架样板图及现场键槽式支架搭设效果

根据项目规划，在无重车和施工车辆通行的临时道路采用预制的成型混凝土预制块（500mm×500mm×15mm）进行铺设（图 5-35、图 5-36），此种道路铺设技术具有铺设、拆除方便、可以循环使用，且项目后期避免了破碎。项目共铺设 200m²。

图 5-35　地面预制块加工

图 5-36　现场实施照片

（9）LED 临时照明技术

本工程地下室建筑面积 1.77 万 m²，地上高度 44.1m，设置有 5 台塔吊、15 个加工场等，共 19 个楼梯间，1200m² 办公生活区，2000m² 的工人生活区。此部分所有照明使用 LED 灯具。

（10）屋面泡沫混凝土保温施工技术

泡沫混凝土用机械方法将泡沫剂水溶液制备成泡沫，再将泡沫加入到水泥料、水及各种外加剂等组成的料浆中，经混合搅拌、浇筑成型、养护而成的一种多孔材料，具有自身重量轻、导热系数低、施工方便等特点，是屋面保温层良好施工用具。原图纸设计屋面保温做法为憎水珍珠保温，后与设计沟通变更为泡沫混凝土，共使用 2126m³ 泡沫混凝土。泡沫混凝土施工完成后，进行面层的收光，可以减少一道找平层，直接在泡沫混凝土面层上进行防水施工。

（11）钢筋集中数控加工技术

现场钢筋加工购置 2 台钢筋数控弯箍机，数控钢筋弯箍机可对 $\phi6 \sim \phi12$ 直径的 HRB335 热轧带肋钢筋、HRB400 热轧带肋钢筋、光圆钢筋和冷轧带肋钢筋进行弯曲、剪切。钢筋数控集中加工技术将大大提高劳动生产率，相应的占地面积、人工费用、能源消耗都将大幅度降低。同时由于采用数控技术，使得操作者的劳动强度大为减轻。

（12）预制构件现场加工技术

本工程采用的是蒸压轻质砂加气混凝土砌块，根据其对应图集 06CJ05、06CG01 做法，门的两侧可以不设置构造柱，只需设置 3 块混凝土预制块（200mm×墙厚×250mm），以满足门框的固定即可。项目与门厂家沟通确认标高后，对混凝土块进行了现场预制（图 5-37）。

图 5-37　预制块的加工与应用

由于本工程机电安装管道很多，墙体预留洞口数量较大，采用 BIM 建模，将墙体预留洞口提前生成图纸，根据图纸中预留洞的大小和数量进行洞口小过梁的预制，加快施工进度，保证过梁质量（图 5-38）。

图 5-38　小型洞口的过梁预制及应用

小型构件现场预制加工所需的原材料均为现场施工剩余的余料，进行了充分利用，不但降低了加工成本，还减少了垃圾排放。

（13）BIM技术应用

本项目安装工程所有管道施工均按照BIM建模图纸进行施工：

1）针对施工中的复杂区域实施精细化建模并进行施工模拟，以指导现场机房的施工，寻找到更加合理的解决和优化方案。

2）墙体预留洞设置，将Revit土建模型根据留洞图进行预留洞开洞，将其导入Navisworks中，与机电管道、风管、电缆桥架进行碰撞检测，生成碰撞报告，防止出现错留、多留、漏留，降低项目成本。

3）综合支架预制加工，通过预制加工支架高品质制作，提高现场作业的安全性，提高现场施工品质，确保了加工设计精确度，提高机电管道预制加工图出图效率和质量，大大减少了现场作业成本（图5-39、图5-40）。

图 5-39　BIM图与现场施工相符

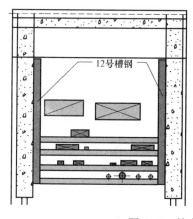

图 5-40　综合支架排布与现场管线施工

使用BIM建模施工，减少了材料浪费，加快施工进度，达到节能减排和保护环境的目的（表5-11）。

（14）太阳能路灯节能环保技术

现场主要出入口、生活区和办公区设置太阳能路灯，可以很好地保证照明需求，并达到节约能源，降低费用的效果。

BIM 技术应用内容及成果　　　　　　　　　　　　　　　　　　表 5-11

序号	应用成果	内　　容
1	图纸问题	通过 BIM 应用，在建模过程共发现图纸问题 230 处，并通过问题报告提交设计解决
2	精细化建模	根据设计图纸进行机房精细化建模，指导设备的定位以及管道的安装
3	碰撞检测	通过碰撞检查查找碰撞 2000 余处，并解决了碰撞问题，便与现场正常施工
4	管线空间优化	通过净高报告对达不到净高要求的管线进行优化，避免管道安装完成后的拆改
5	二次墙预留洞	实现了二次墙的预留洞口，预留了 840 多个洞口，节省了施工后重新开洞、垃圾清运等费用
6	综合支架预制加工以及平面定位	通过管线综合后的图纸对综合支架加工，并在平面定位综合支架，指导现场综合支架吊装

太阳能路灯因其具有不受供电影响，不用开沟埋线，不消耗常规电能等特点，体现了节能技术，并只需一次投入，可以使用 5～6 年左右，施工现场 30W 大功率 LED 节能路灯的亮度就可以达到普通钠灯或白炽灯 200W 的亮度。按当地日均有效光照 4h 以上计算，放电时间便可达到 10h，满足现场施工需要。一个太阳能路灯约 3000 元，而类似的普通路灯加上线路的埋设需 80 元左右。如果按照每天照明 8h 持续 1 年的时间来计算太阳能路灯与同等亮度的普通路灯投入费用对比如表 5-12 所示（施工用电费按每度 1 元计算）。

太阳能路灯与同等亮度的普通路灯投入费用对比　　　　　　　表 5-12

路灯类型	数量	时间	路灯价格	一年电费	合计投入
太阳能路灯	5	1 年	3000	0	3000 元
普通路灯	5	1 年	800	2880	3680 元

由表 5-12 可以看出，太阳能路灯节约成本效果明显，且因其一次性投入，安装数量越多，持续时间越长，其经济效果越显著。

（15）砌体施工标准化技术

主要技术内容如下：

1）原材料的装卸与存放

由于砌块容重低，在搬运和运输中容易出现破坏形象，为避免卸车造成材料的破坏，所有砌块均放置在专用托盘上，使用叉车进行装卸车，减少了人工卸车的破坏现象。另外根据原材料的规格不同，不同规格材料分类存放，并放置材料标识牌，避免材料乱用。

2）砌筑墙体的排版

根据工程特点，首先对砌筑墙体进行排版，最大程度减少材料的损耗，并保证砌筑外观质量，另根据排版图可以计算出墙体所需的砌块量，便于砌块的运输。

3）样板交底制度

① 工程大面积施工前，首先对工人进行技术交底，明确施工工艺和质量要求。

② 首先进行样板的施工（图 5-41），样板达到要求后，再根据样板进行大面积的砌筑施工。

图 5-41　砌筑墙体样板

4）现场施工过程质量控制及效果（图 5-42）

图 5-42　施工后观感质量

砌体结构工程施工标准化，做到了施工现场砌筑集中加工配运，减少了材料浪费，避免了传统机电管线、穿墙管道在砌墙上开槽、开洞产生大量扬尘和碎砌块垃圾、砂浆等现象，杜绝了砌筑过程中一些不规范行为产生大量建筑垃圾的机会。

（16）现场临时水电作为正式水电的应用

本工现场临时照明采用正式施工图中照明回路做楼层照明，灯具吸顶安装；楼层内消防用水采用正式消防系统，避免了二次施工，节约了成本（图 5-43、图 5-44）。

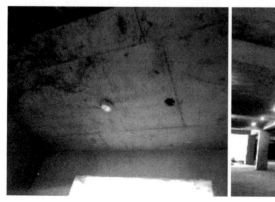

图 5-43　现场临时照明采用正式管线

图 5-44　现场消防用水采用正式管道

（17）地下一体式消火栓

根据消防规范要求，建筑施工现场需要布置大量的消火栓，传统消火栓采用"地上式一体化消火栓配套设施"，大部分工程施工会经历冬期施工，而传统的保温措施基本上是无济于事，因此消火栓的地上部分很容易被冻坏，加之配套消防箱明露在地上，在施工过程中很容易损坏甚至被挪用。针对上述情况，对施工现场的消防水进行改进，将地上式一体化消火栓配套设施，地下隐蔽式消火栓配套设施，地下隐蔽式消火栓配套设施是在地下消火栓周围砌挡水台在挡水台上部设置消火栓井盖并在井盖下部设置一消防器材箱，有效解决了施工过程现场消火栓及配套器材被破坏的现象。或在地下消防井上四周使用防护栏杆围起来，在护栏四周设置消防设施的标志，将消防水带、枪头放置上护栏上。这样就可以避免地下消防栓难找以及防护材料将消防井盖住（图5-45、图5-46）。

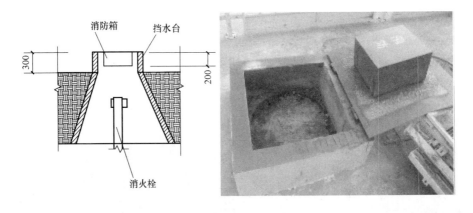

图 5-45　地下消火栓图纸及效果图

（18）砌筑墙体免开槽技术

砌筑墙体在施工前，首先将按照管线施工完毕，并进行固定。然后砌筑施工时在管线位置采用不同规格不同规格的砌块组合砌筑，或者在墙体上采用开孔器进行开孔，然后再进行管线施工。施工效果如图5-47所示。

图 5-46　地下消火栓防护栏

图 5-47　现场免开槽施工示意图

采用此种施工工艺可以加快施工进度，减少传统施工开槽部位处抹灰修补的工作，杜绝了安装线管施工对墙体剔凿和开槽部位进行抹灰修补产生的垃圾，保证了施工质量，达到保护环境的目的。

（19）罐装砂浆及水泥

本项目现场设置砂浆罐或水泥罐，工程所用的全部砂浆及水泥均采用成品散装。

（20）加工场可重复使用操作平台

现场钢筋加工场操作平台严禁使用传统的钢管搭设，全部采用方钢和铁皮进行定型加工，然后再进行刷漆处理。该钢筋加工操作平台装拆方便，组合灵活，解决了传统搭建流程复杂、浪费人力、物力、财力的问题（图 5-48）。

（21）可移动多功能材料箱

为解决施工现场材料及垃圾运送不方便，且材料乱放影响文明施工。现场定型加工可移动多功能材料箱，可以很

图 5-48　操作平台现场使用示意图

好地解决此类难题,且提高施工效率。如砌筑砂浆按照传统工艺,需在地面进行放置,但此部分墙体砌筑完毕后,砂浆的转运较麻烦,且影响质量,使用此材料箱可以较好保证砌筑质量和施工效率(图5-49)。

图 5-49　多功能材料箱的使用

(22)使用新型钢爬梯

目前各个工地在结构施工阶段,大多数采用钢管和脚手板搭设的马道。本工程现场采用加工钢筋产生的废料,焊接成钢筋爬梯,用于结构外脚手架工人的上下。新型爬梯占用空间小,可以重复周转使用,且使用方便,节省人力(图5-50)。

图 5-50　新型钢爬梯实施照片

(23)移动式样板

传统的施工样板均为固定式,即在某一位置施工样板后,若样板无用后,只有将样板破坏。本工程设置样板间,且所做的样板均在可移动平台上,如图5-51所示。

图 5-51　可移动式样板图

146

移动式样板不受位置的限制，可以自由挪动；样板不使用时，可以移走或回收；移动式样板底部平台可以重复使用。移动式样板部分材料可以在样板失效后用于工程实体，减少了材料的浪费。

3. 科技效益

项目在绿色施工过程中，积极创新，寻求更简单、实用的措施。通过管理人员的不断创新，本项目共获得12项授权专利（表5-13）。

获得专利情况表　　　　　　　　　表5-13

序号	专利名称	序号	专利名称
1	便携式移动车辆支腿垫块	7	爬梯
2	防堵塞雨水口	8	油托丝杆检查装置
3	一种机械漏油的接油装置	9	一种塔吊施工的电缆固定装置
4	一种用于固定基坑临时电缆的支架结构	10	施工缝钢筋保护层及定位装置
5	地下消火栓防护结构	11	一种卫生间的地漏防渗装置
6	气瓶手推车	12	抗浮锚杆防水构造

4. 经济效益

通过实施绿色施工技术提高了项目经济效益，为公司创造了利润，同时为环境保护和节约能源贡献了一份力量（表5-14）。

经济效益分析表　　　　　　　　　表5-14

序号	分项	经济效益（万元）
1	绿色施工技术	1235.7
2	创新技术	125.4
3	专利技术	10
合计	/	371.1

5. 社会效益

（1）由于本项目施工质量及现场绿色安全文明施工较好，受到了社会各方和业主的一致好评，取得了良好的社会效益。

（2）获得第三批全国建筑业绿色施工师范工程，获得北京市绿色安全工地。

（3）项目被评为北京市顺义区安全文明施工样板工地，顺义区冬季安全生产、文明施工部署会连续2013年、2014年两年在项目部大会议室举行。

（4）接受各级媒体采访10余次。

（5）接待各级政府单位视察20余次，其他各级单位参观和考察50余次。

参 考 文 献

[1] 肖绪文等. 建筑工程绿色施工 [M]. 北京：中国建筑工业出版社，2013.

[2] 张国强，尚守平，徐峰. 土木建筑工程绿色施工技术 [M]. 北京：中国建筑工业出版社，2010.

[3] 李百战，何天祺，郑洁. 绿色建筑概论 [M]. 北京：化学工业出版社，2007.

[4] 毛志兵. 中国建筑业发展报告 [M]. 北京：中国建筑工业出版社，2014.

[5] 马荣全，陈兴华，苗冬梅，王桂玲，叶少帅等. "十二五"国家科技支撑计划《建筑工程传统施工技术绿色化及现场减排技术研究与示范》课题可行性研究报告 [Z].

[6] 马荣全，陈兴华，王桂玲，张世武等. "十二五"国家科技支撑计划《公共机构新建建筑绿色建设关键技术研究与示范-绿色建造关键技术》子课题可行性研究报告 [Z].

[7] 陈兴华，王桂玲，苗冬梅，李丛笑. 绿色建造的机遇、挑战与对策 [J]. 工程质量，2010 (12).

[8] 田青，郑雪. 建筑供应链下的施工材料采购管理研究 [J]. 商场现代化，2008 (07)：114-116.

[9] 陈兴华，王桂玲，苗冬梅，李丛笑. 绿色建造的机遇、挑战与对策 [J]. 工程质量，2010 (12)：5-6.

[10] 王有为. 绿色施工：绿色建筑核心理念——《绿色施工导则》技术要点解读 [J]. 建设科技，2008 (Z1).

[11] 闫潇. 绿色建筑及绿色施工评价体系的研究与实践 [D]. 邯郸：河北工程大学，2012. 6.

[12] GB/T 50905—2014《建筑工程绿色施工规范》.

[13] ZJQ08-SGJB005—2008《绿色施工评价标准》中国建筑第八工程局企业技术标准.

[14] 建设部-2007《绿色施工导则》.

[15] GB 50411—2014《建筑节能工程施工质量验收规范》.

[16] 住建部-2015.10《被动式超低能耗绿色建筑技术导则（试行）》.

[17] Construction 2025：industrial strategy for construction-government and industry in partnership, https：//www. gov. uk/government/publications/construction-2025-strategy.

[18] Egan, J. (1998) Rethinking Construction：Report of the Construction Task Force, London：HMSO.

[19] Achieving Sustainability in Construction Procurement，OGC，2000.

[20] Sustainable Construction Brief [EB/OL]. http：//www. dti. gov. uk/construction/sustain/.

[21] EUROPEAN COMMISSION，COM (2012) 433 final，SWD (2012) 236 final，Strategy for the sustainable competitiveness of the construction sector and its Enterprises，Brussels，2012.

[22] European Network of Construction Companies for Research and Development，Construction C02e Measurement Protocol Version 1. 0，2012.

[23] Low carbon construction innovation&growth team：final report. https：//www. gov. uk/government/publications/low-carbon-construction-innovation-growth-team-final-report.

[24] CO_2-neutralconstruction [EB/OL]. http：//www. hochtief. com/hochtief_en/322. jhtml.

[25] Lim, T. , Yi, C. , Lee, D. , and Arditi, D. "Concurrent Construction Scheduling Simulation Algorithm. " Computer-Aided Civil and Infrastructure Engineering，2014. 29 (6), 449-463.

[26] Integrated Project Delivery：A Guide [EB/OL] http：//www. aia. org/CONTRACTDOCS/AIAS077630.

[27] What is Lean Design & Construction [EB/OL]. http：//leanconstruction. org/about-us/what-is-lean-construction/.

[28] Ian Wallis, Lesya Bilan & Mike Smith. Industrialised. Industrial, Integrated, Intelligent Construction Solutions Iann, ISBN 978-0-86022-699-4，2010.